DIREKT-
vermarktung

klassisch *bis* **innovativ**

Eva Maria Lipp

Interaktive Übungen, ergänzende und aktuelle Materialien, Arbeitsaufgaben sowie weitere Porträts innovativer Betriebe und Direktvermarkter finden Sie auf der begleitenden Website zu diesem Fachbuch:
http://fachbuch.cadmos.de/direktvermarktung/

Haftungsausschluss:
AutorInnen und Verlag haben den Inhalt dieses Buches mit großer Sorgfalt und nach bestem Wissen und Gewissen zusammengestellt. Für eventuelle Schäden, die als Folge von Handlungen und/oder gefassten Beschlüssen aufgrund der gegebenen Informationen entstehen, kann dennoch keine Haftung übernommen werden. Für die Richtigkeit und Aktualität der Angaben und insbesondere der Hyperlinks wird keine Haftung übernommen.

Genderhinweis
Aus Gründen der Lesbarkeit wird in manchen Abschnitten auf geschlechtsspezifische Formulierungen verzichtet. Soweit personenbezogene Bezeichnungen nur in männlicher Form angeführt sind, beziehen sie sich auf alle Geschlechter (w/m/d) in gleicher Weise.

Impressum

Copyright © 2019 Cadmos Verlag GmbH, München
unveränderter Nachdruck 2021

Covergestaltung: Gerlinde Gröll, www.cadmos.de

Grafisches Konzept, Kern, Produktion und Satz: Angelika Kovar und Tanja Bauer, Hantsch PrePress Services OG, www.druckvorstufe.at

Projektleitung und Lektorat: Dipl. Päd. Ing. Barbara P. Meister MA, FachLektor.at

Umschlagfoto: Murvin/Shutterstock.com

Druck: www.graspo.com

Deutsche Nationalbibliothek – CIP-Einheitsaufnahme
Die Deutsche Nationalbibliothek verzeichnet diese Publikation in der Deutschen Nationalbibliografie; detaillierte bibliografische Daten sind im Internet über http://dnb.ddb.de abrufbar.

Das Werk ist einschließlich aller seiner Teile urheberrechtlich geschützt.
Jede Verwertung außerhalb der engen Grenzen des Urheberrechtsgesetzes
ist ohne Zustimmung des Verlages unzulässig und strafbar. Das gilt insbesondere
für Vervielfältigungen, Übersetzungen,
Mikroverfilmungen und die Einspeicherung und Verarbeitung in elektronischen Systemen.

Alle Rechte vorbehalten.

Abdruck oder Speicherung in elektronischen Medien nur nach vorheriger schriftlicher Genehmigung durch den Verlag.

Printed in EU

ISBN 978-3-8404-8511-4

INHALTSVERZEICHNIS

Vorwort.. 5

Einleitung... 6
- Wirtschaftliche Absicherung des Betriebs............................. 7
- Absicherung und Schaffung von Arbeitsplätzen durch die Direktvermarktung.... 8
- Umsetzung persönlicher Ideen und Kreativität........................ 8
- Zurück zu Regionalität und Saisonalität............................. 8
- Kunden schätzen regionale Produkte – steigendes Umweltbewusstsein... 9

1 Voraussetzungen für eine erfolgreiche Direktvermarktung........ 10
   1.1 Persönliche Voraussetzungen...................................... 11
   1.2 Wirtschaftliche betriebliche Voraussetzungen..................... 12
   1.3 Marktwirtschaftliche Voraussetzungen............................. 12
   1.4 ZIELE setzen und ZIELE erreichen................................. 13

2 Produktfindung... 16
   2.1 Produktionsabhängig von Betriebsform............................. 17
   2.2 Persönliche Voraussetzungen, Kreativität und Kenntnisse........... 18
   2.3 Betriebsumstellung auf neue Produkte............................. 20
   2.4 Praxisbeispiele... 21

3 Produktion... 26
   3.1 Räumliche Voraussetzungen.. 27
   3.2 Lebensmittelsicherheit – Eigenkontrollsystem –
       am Beispiel Leitlinie für bäuerliche Milchverarbeitungsbetriebe... 30
   3.3 Lebensmittelcodex.. 37
   3.4 Verpackung – Produktkennzeichnung................................ 39
   3.5 Produktlagerung.. 41
   3.6 Investitionen.. 44
   3.7 Praxisbeispiel Heumilchbetrieb Madl.............................. 45

4 Vertriebswege – von klassisch bis innovativ.................... 50
   4.1 Wichtige Überlegungen vor dem Start.............................. 51
   4.2 Ab-Hof-Verkauf – Abgesonderte Verkaufsstellen – Hofladen......... 53
   4.3 Bauernladen.. 54
   4.4 Bauernmarkt.. 56
   4.5 Märkte – Wochenmarkt... 56
   4.6 Feilbieten im Umherziehen.. 57
   4.7 Zustellung/Versand... 57
   4.8 Selbsternte.. 57
   4.9 Selbsternteparzellen – Mietgärten................................ 58
   4.10 CSA – Solidarische Landwirtschaft............................... 59
   4.11 FOODCOOPS... 60
   4.12 Onlineverkauf & Online-Verkaufsplattformen...................... 62
   4.13 Buschenschank... 63
   4.14 Buschenschankbüfett – freies Gewerbe – ohne Befähigungsnachweis.. 64
   4.15 Almbüfett... 64
   4.16 Selbstbedienungsläden – Selbstbedienungshütten.................. 64
   4.17 ABO-KISTEN.. 65

INHALTSVERZEICHNIS

- 4.18 Automatenverkauf ... 66
- 4.19 Bauernecken – Regionale Regale im Geschäft – Shop in Shop ... 67
- 4.20 Gastronomie – Belieferung ... 68
- 4.21 Lieferung an Einzelhandel/Großhandel ... 69
- 4.22 Catering ... 70
- 4.23 Schulmilch/Schulobst ... 70

5 Qualitätssicherung ... 74
- 5.1 Aufbau eines Eigenkontrollsystems ... 75
- 5.2 Produktuntersuchungen ... 81
- 5.3 Untersuchung des Trinkwassers ... 82
- 5.4 Behördliche Kontrollen ... 83
- 5.5 Qualitätsprogramme ... 83
- 5.6 Gütesiegel als Qualitätssicherung ... 84
- 5.7 Produktprämierungen ... 85
- 5.8 Praxisbeispiel: Brot Siegbert Reiß ... 90
- 5.9 Praxisbeispiel: Obstbauernhof Planner ... 93

6 Produktpreiskalkulation ... 98
- 6.1 Nutzen einer Produktpreiskalkulation ... 99
- 6.2 Einflussfaktoren für die Preisgestaltung ... 100
- 6.3 Grundlagen der Produktpreiskalkulation ... 100
- 6.4 Erforderliche Daten für eine Produktpreiskalkulation ... 102
- 6.5 Umsetzungsschritte und Erkenntnisse in der Praxis am Beispiel Bauernbrot ... 102
- 6.6 Preisstrategien und deren Auswirkungen ... 106

7 Marketing ... 110
- 7.1 Erfolgsfaktoren für das unternehmerische Handeln ... 112
- 7.2 Marketingmaßnahmen aus Marketingsicht ... 114
- 7.3 Qualitätsprogramme aus Marketingsicht ... 116
- 7.4 Gütesiegel und Qualitätssicherungsprogramme aus Marketingsicht ... 116
- 7.5 Praxisbeispiel Radlerbauernhof Moser ... 116
- 7.6 Praxisbeispiel Edelbrandbrennerei Crownhill ... 119

8 Rechtliche Rahmenbedingungen in der Direktvermarktung ... 124
- 8.1 Gewerberecht ... 125
- 8.2 Steuerrecht ... 127
- 8.3 Aufzeichnungs- und Meldepflichten für Direktvermarkter ... 127
- 8.4 Die Herstellung von Alkohol im landwirtschaftlichen Betrieb – Alkoholsteuer ... 133
- 8.5 Aufzeichnungspflichten Sozialversicherung ... 137

9 Bedeutung von Diversifizierung für landwirtschaftliche Betriebe ... 140
- 9.1 Land- und forstwirtschaftliche Diversifizierung ... 141
- 9.2 Arten von betrieblicher Diversifizierung ... 143
- 9.3 Voraussetzungen für eine Diversifizierung ... 144
- 9.4 Kreative, innovative Ideen und ihre Grenzen ... 145
- 9.5 Praxisbeispiele gelebter Diversifizierung in Österreich ... 145

Register ... 158

Vorwort

Direktvermarktung ist ein wichtiges Standbein für bäuerliche Betriebe und wird es auch in Zukunft sein. Laut „Studie zur Direktvermarktung in Österreich" trägt sie bereits jetzt für rund 36.000 bäuerliche Betriebe einen wesentlichen Teil zum Einkommen bei.

Durch den Verkauf von selbst hergestellten Produkten nimmt der Betrieb direkten Einfluss auf den Verkaufspreis und kann dank des persönlichen Kundenkontakts viel Aufklärung zum Wert der regionalen Lebensmittel leisten. Bei den derzeitigen Rahmenbedingungen profitieren die UnternehmerInnen von einem gewissen Gestaltungsfreiraum.

Der direkte Kontakt zu KonsumentInnen lässt deren Wünsche oder Vorlieben nach Produkten rasch bei den ProduzentInnen ankommen. Positive und persönliche Gespräche motivieren beide Seiten und führt meist zu einer starken Kundenbindung.

Direktvermarktung kann für innovative Menschen eine große Chance sein, sich in IHREM Bereich zu verwirklichen, Einkommen und damit auch einen Arbeitsplatz am Betrieb zu schaffen. Die Produktion von besonderen Angeboten, bäuerlichen Spezialitäten mit speziellen Rezepturen und Herstellungsverfahren, die die Konsumenten lieben, kann sogar zu einer beruflichen Leidenschaft werden. Wenn der Beruf zur Berufung wird, dann ist das Standbein Direktvermarktung auf einem sehr guten Weg.

Innovative Produkte aus bäuerlicher Hand werden nie Massenprodukte sein. Sie sind immer besondere Lebensmittel mit Bezug zu bäuerlichen Betrieben und Rohstoffen aus der Region und damit am Lebensmittelmarkt gesamt gesehen eine Rarität mit exklusivem Wert für KonsumentInnen.

Als Direktvermarkter mit anderen Direktvermarktern zu kooperieren, alternative Vertriebswege zu suchen, um so mehr Präsenz am Markt zu haben, kann zur Erfolgsstrategie wesentlich beitragen.

Dieses Buch soll die vielen Aspekte der Direktvermarktung beleuchten, die die Entscheidungsfindung für einen Einstieg in diesen Betriebszweig erleichtern. Dazu sind unzählige Überlegungen anzustellen, die in den einzelnen Kapiteln dargestellt sind.

Dieses praxisorientierte Buch beinhaltet viele Verweise auf Internetseiten für die Vertiefung aktueller rechtlicher Themen. Interessant für Betriebe, die in diesen spannenden Bereich einsteigen wollen, sind die vielen Praxisbeispiele in diesem Buch.

Es wird nicht der Anspruch erhoben, alle Facetten der Direktvermarktung abgedeckt zu haben, da auch diese ständigem Wandel und Veränderungen unterliegen. Wer darüber hinaus noch mehr zum Thema Direktvermarktung wissen möchte, ist eingeladen, auf die fundierte Beratung der Landwirtschaftskammern Österreichs zurückzugreifen.

Mit den am jeweiligen Kapitelanfang aufgelisteten Kompetenzen sowie zahlreichen Arbeitsaufgaben ist dieses vorliegende Werk sehr gut für den Einsatz an berufsbildenden Schulen konzipiert.

Einleitung

Wirtschaftliche Absicherung des Betriebs

Ist das Einkommen am bäuerlichen Betrieb nicht mehr ausreichend zur Deckung der Gesamtausgaben, gibt es grundsätzlich folgende Überlegungen:

- Den Betrieb so auszurichten, dass ausreichend Einkommen daraus erzielt werden kann, wofür sich verschiedene Betriebszweige wie Direktvermarktung, Urlaub am Bauernhof, Maschinenring, Kommunaldienste, Green Care usw. in Kombination mit der Urproduktion anbieten. Rund 36.000 bäuerliche Betriebe in Österreich erwirtschaften laut der Studie „Direktvermarktung in Österreich" im Schnitt 34 % ihres Gesamteinkommens aus der Direktvermarktung.
- Oder man entscheidet sich, den Betrieb im Nebenerwerb zu führen, oder verpachtet vielleicht sogar den Betrieb. In vielen Regionen ist es aber oft schwierig, einen entsprechenden Arbeitsplatz zu finden.

Daher ist die Überlegung, am eigenen Betrieb eine höhere Wertschöpfung zu erzielen, mehr als angebracht. Mit der Be- und Verarbeitung der Urprodukte zu besonderen Lebensmitteln kann und wird ein höherer Produktpreis erzielt. Welche Produkte es sein können, hängt von den vorhandenen Ressourcen an Urprodukten bzw. den Kenntnissen und dem Können der Arbeitskräfte des Betriebs sowie den persönlichen und betrieblichen Möglichkeiten ab.

Der Arbeitsplatz Bauernhof ist ein sehr schöner Arbeitsplatz, der viele Vorteile in sich birgt:
- Freiheit in der Entscheidung und der Zeitverwendung
- Arbeitsplatz zu Hause
- Krisensicherheit
- Keine Kosten und Zeit, um an den Arbeitsplatz zu gelangen
- Familienfreundlich
- Freie Produktwahl für die Be- und Verarbeitung und ihre Vielfalt
- Gesunder Lebensraum für Mensch und Tier
- Rundum Natur
- Nachhaltig denken und arbeiten

Dies sind einige wertvolle Aspekte, die sehr genau durchdacht werden müssen, um für die Familie und im Sinne der Nachhaltigkeit der zum Hof gehörenden Flächen handeln zu können.
Für die Entscheidungsfindung sollte man sich Zeit nehmen und alle Aspekte gut durchleuchten. Ist die Entscheidung jedoch gefallen, ist zügige Umsetzung angesagt. Die Nutzung der Fachberatung für Direktvermarktung der Landwirtschaftskammern Österreichs für ein Beratungsgespräch kann in diesem Stadium sehr hilfreich sein.

Absicherung und Schaffung von Arbeitsplätzen durch die Direktvermarktung

Die Arbeit in der Direktvermarktung sichert nicht nur den eigenen Arbeitsplatz und jenen der Familienmitglieder, sondern schafft auch direkt Arbeitsplätze in der Produktion und im nachgelagerten Bereich durch verschiedene Vertriebswege wie z. B. Bauernladen oder den Onlineversand.

Auch für Saisonarbeitskräfte ist die Landwirtschaft Arbeitgeber und sichert so Arbeitsplätze. Laut der Studie „Direktvermarktung in Österreich" sichern die Direktvermarkter rund 31.000 Arbeitsplätze und stärken somit die Wirtschaft in den Regionen. Rund 36.000 bäuerliche Betriebe betreiben Direktvermarktung.

Viele Betriebe schaffen auch Zuverdienstmöglichkeiten; dies ist insbesondere im ländlichen Raum für Frauen und Mütter sehr gefragt, da hier die Arbeitsplätze oft rar sind. Zudem sind oft nicht ausreichend Kinderbetreuungseinrichtungen vorhanden.

Arbeit ergibt sich durch TUN. Wenn auch vieles klein beginnt, sind daraus schon große Projekte und wirtschaftlich gut abgesicherte Betriebe entstanden. Erfahrungsgemäß muss jeder Betriebszweig auch Zeit für Wachstum haben. Mit den Produkten wächst auch der Markt, man muss nur bewusst in die neue Schiene am bäuerlichen Betrieb einsteigen. Die eigene Überzeugung zum hergestellten Produkt wird zunehmend mehr Kunden überzeugen, wenn sie den Mehrwert – den der Produzent mitverkaufen muss – erkennen.

Ein weiterer Aspekt ist, dass jene, die am Hof Möglichkeiten des Verdienstes finden, nicht auf den Arbeitsmarkt drängen und somit diesen nicht belasten.

Umsetzung persönlicher Ideen und Kreativität

Wer will nicht seinen Neigungen und Talenten nachgehen, die große Freude bereiten? Warum nicht auch in den Bereichen der Erwerbskombinationen und hier der Direktvermarktung?

Dazu gibt es landauf, landab schon sehr, sehr viele großartige Betriebsbeispiele, von denen einige in diesem Buch vor den Vorhang geholt werden. Die vielen individuellen Beispiele zeigen auf, dass mit den Ideen noch lange kein Ende der Ideen zu sehen ist. Das, was der einzelne Direktvermarktungsbetrieb an Kreativität umsetzen kann, ist im Lebensmittelhandel nur schwer möglich. Daher werden die Direktvermarkter mit ihren innovativen oder auch traditionellen Produkten sehr oft ein Alleinstellungsmerkmal am Markt haben.

In ihren Produkten ist spürbar, mit welcher Freude, ja beinahe Hingabe diese erzeugt wurden und sie dann zum Verkauf angeboten werden. Die kreative Gestaltung und die Form des Anbietens spiegeln den Wert des Produkts wider, welcher ihm der/die ProduzentIn gibt.

Es ist nie zu spät, sich den eigenen Talenten und beruflichen Freuden zu widmen. Jeder Schritt, jede Investition muss im Vorfeld sehr gut überlegt werden. Doch wenn jemand von seinem neuen kreativen Produkt überzeugt ist, wird auch ein Markt dafür gefunden werden. Ist der Einstieg in die Direktvermarktung mit größeren Investitionen verbunden, ist eine exakte Marktanalyse von besonderer Bedeutung.

Die fachgerechte Ernte regionaler Spezialitäten ist ein typischer Einsatzbereich für Saisonarbeitskräfte.

© Photoagriculture/Shutterstock.com

EINLEITUNG

Zurück zu Regionalität und Saisonalität

Die Sehnsucht der Konsumenten nach regionalen und saisonalen Produkten ist stark im Wandel begriffen und führt diese wieder zurück in die Heimat, vielfach ausgelöst durch mehr Wissen um die Produkte der Lebensmittelindustrie bzw. was Essen für die Gesundheit bedeutet. Es ist an der Zeit, dass Menschen wieder spüren, nach welchem Essen sie sich sehnen. Nicht umsonst bringt die Natur wärmende und kühlende Lebensmittel hervor, die in den entsprechenden Jahreszeiten zur Verfügung stehen. Nicht umsonst ist nicht alles an natürlich gewachsenen Lebensmitteln unbegrenzt haltbar, weil die Natur es anders für die menschliche Ernährung vorgesehen hat. So hat der Körper, wenn man ihn versteht, in der heißen Jahreszeit ganz andere Ernährungsbedürfnisse (kühlende Lebensmittel wie Fruchtgemüse) als in der kalten Jahreszeit (Wurzelgemüse, Kohlgemüse usw.).

Dahingehend gehören die KonsumentInnen noch weiter aufgeklärt und es entsteht automatisch auch das Verständnis, dass es nicht alles zu jeder Zeit geben kann und muss.

Kunden schätzen regionale Produkte – steigendes Umweltbewusstsein

KonsumentInnen, die bei DirektvermarkterInnen einkaufen, tun dies nicht nur wegen des Geschmacks und der sicheren Produktqualität, sondern auch im Sinne des Umweltschutzes. Die KundInnen wollen regional einkaufen, um sich lange Wege zu sparen, die Produkte haben weniger bis keine bzw. eine umweltschonende Verpackung. Sie schätzen den Betrieb ob seiner offenen Betriebsführung, in die man als Konsument Einblick bekommen kann. Und von besonderem Wert sind für diese KonsumentInnen im Obst-, Gemüse- und Getreidebereich die reifen, reich an wertgebenden Inhaltsstoffen gewachsenen Produkte. Die Frische ist bei Frischeprodukten wie Obst und Gemüse zusätzlich ein großes Plus. Bei lange gereiften Produkten, wie z. B. Hartkäse, schätzen die Kunden den sorgfältigen Umgang bei der oft monatelangen Reifung in natürlichen Lagerkellern. Regionalität ist vor der Haustür! Jeder kann die Regionalität für sich möglichst gut und einfach nutzen, wenn sie erst einmal in das eigene Bewusstsein gerückt ist.

Auch im städtischen Raum profitieren KundInnen von den frischen saisonalen Produkten aus der Region.

© AYA images/Shutterstock.com

1 Voraussetzungen für eine erfolgreiche Direktvermarktung

Grundkompetenzen
- Drei persönliche Voraussetzungen für eine erfolgreiche Direktvermarktung beschreiben.
- Drei wirtschaftliche Voraussetzungen für eine erfolgreiche Direktvermarktung erklären.
- Die Vorteile einer Produktpreiskalkulation beschreiben.
- Die SMART-Formel erklären und begründen, welchen Vorteil so formulierte Ziele haben.

Erweiterte Kompetenzen
- Drei persönliche Voraussetzungen für eine erfolgreiche Direktvermarktung erklären und mögliche Abweichungen analysieren.
- Qualitätsbewusstsein und Qualitätsdenken in der Direktvermarktung bewerten.
- Marktwirtschaftliche Überlegungen zum Verkauf von Sprossen und Keimlingen herausarbeiten und erklären.
- Den Aufbau der SWOT-Analyse beschreiben und erklären, wie sie im Betrieb eingesetzt wird.

Bevor Sie die Direktvermarktung als neuen Betriebszweig wählen, sollten Sie die nachstehenden Voraussetzungen abklären. Möglicherweise entscheiden Sie sich doch für eine andere Erwerbskombination, wenn Sie beispielsweise lieber mit Menschen als mit Produkten arbeiten.

1.1 Persönliche Voraussetzungen

- Persönliche positive Einstellung und Einsatzbereitschaft sind nur in Verbindung mit der ganzen Familie möglich. Wenn die Familie diese Erwerbskombination (Diversifizierung) nicht mitträgt, wird es schwer durchzuhalten, weil oft Unterstützung bei Mehrproduktion, Krankheit, Kinderbetreuung usw. gebraucht wird.
- Eine positive Einstellung zu sich selbst und Wertschätzung der eigenen Produkte ergeben die optimalste Kombination für einen erfolgreichen Verkauf.
- Die Art der Produkte und die Vermarktungsform müssen ebenso zum Betrieb und zu den handelnden Personen passen. Wenn die Familie beispielsweise keine Konsumenten am Hof haben möchte, muss ein Vermarktungsweg außer Haus gefunden werden.
- Wer gern Kontakt mit Kunden hat, dem sei hingegen geraten, den Verkauf in welcher Form auch immer selbst zu übernehmen.
- Für die Verarbeitung, Vermarktung und Betreuung von Kunden sind sehr gute Fachkenntnisse von großer Bedeutung.
- Die Verantwortung hinsichtlich bester Produktqualität und Inverkehrbringen von Lebensmitteln ist groß. Es muss eine große Bereitschaft zur Einhaltung aller nötiger Erfordernisse in dieser Hinsicht vorhanden sein.
- Die eigene Überzeugung für gesunde Ernährung mit regionalen und saisonalen Produkten erleichtert die Kundengespräche sehr.

- Die Direktvermarktung befindet sich hinsichtlich rechtlicher Möglichkeiten und Anforderungen an die Produkte immer wieder im Umbruch. Daher sind Weiterbildungsmaßnahmen laufend zu absolvieren.
- Nur wer Sauberkeit und Hygiene lebt und versteht, ist für die Direktvermarktung hinsichtlich Produktion und Verkauf geeignet.
- Wichtig ist auch die Kritikfähigkeit im Umgang mit Reklamationen und Beschwerden.
- Von den Betriebsleitern muss Qualitätsbewusstsein und Qualitätsdenken erwartet werden können.

Alle diese Bereiche sollten jene Personen, die in die Direktvermarktung einsteigen, für sich reflektiert betrachten.

1.2 Wirtschaftliche betriebliche Voraussetzungen

- Die möglichen zu tätigenden Investitionen müssen sehr gut geplant und konkret kalkuliert werden. Dann ist es unbedingt nötig, die Finanzierung zu überdenken und einen gangbaren Weg zu finden. Ganz ohne Investitionen wird es bei einer Be- und Verarbeitung im Unterschied zur häuslichen Nebenbeschäftigung nicht gehen. Je nach Produkt ist jedenfalls mit einem Verarbeitungsraum zu rechnen. Kühlräume etc. hängen mit den Produkten zusammen.
- Direktvermarktung braucht finanzielle Ressourcen und auch viel Zeit. Für einen erfolgreichen Einstieg muss gewährleistet sein, dass die produzierende Person für diese Zeit von anderen Arbeiten (z. B. Stallarbeit am Morgen, wenn Brotbacktag ist) am Betrieb freigestellt wird.
- Betriebliche Aufzeichnungen und eine sorgfältige Buchhaltung inklusive Kostenrechnungen erleichtern betriebswirtschaftliche Entscheidungen.
- Es muss sehr genau überlegt werden, ob diese für die Direktvermarktung erforderliche Zeit nicht am Betrieb fehlt und wie man auf Zeitmangel anderweitig (z. B. Maschinenring) reagieren könnte, wenn an der Direktvermarktung festgehalten werden möchte, weil diese mehr zum Einkommen beiträgt.

- Die Verantwortlichkeiten für die Betriebszweige sollten den Familienmitgliedern konkret zugeordnet sein und die Beteiligten sollten den Willen haben, andere bei Engpässen zu unterstützen.
- Entscheidungen über das Fortführen der Landwirtschaft und den Einstieg in die Direktvermarktung sollte mit der gesamten Familie getroffen werden. Nutzen Sie die vorhandene Begeisterung – sie ist ein wichtiger Motivationsfaktor!

1.3 Marktwirtschaftliche Voraussetzungen

- Produkte müssen nicht nur produziert, sondern auch vermarktet werden. Darum ist es wichtig, einerseits die Besonderheit der Produkte zu kennen und anderseits die Absatzwege zu überlegen.
- Behilflich dabei sind die Kenntnisse über MitbewerberInnen und vorhandene Verkaufsmöglichkeiten.
- Die Produktpreiskalkulationen sind regelmäßig durchzuführen und wenn notwendig sind Preisveränderungen vorzunehmen, um aus dem Betriebszweig wirklich Einkommen zu erwirtschaften.
- Die Konsumentendichte im Umkreis von 15–20 Kilometer ist hinsichtlich der Vertriebswege zu überdenken und der Fokus ist auf jene Berufs- oder Altersgruppe zu legen, die an den Produkten größtes Interesse haben werden.
- Je nach Produkt können auch Partnerbetriebe (z. B. Gemeinschaftsverpflegungen) gefunden werden, die regelmäßig Waren bestellen, weil sie Wert auf regionale und frische Produkte legen.
- Kooperationen mit anderen Landwirten sind hinsichtlich Produktionsschritten und Vermarktung eine sehr gute Chance, um bei KonsumentInnen zu reüssieren. Es bleiben jedem Betrieb Investitionen erspart und die jeweilige Vorliebe in der Produktion kann gelebt werden, was sich auch auf die Produktqualität auswirkt. Einzelbetriebliche Ressourcen werden frei wie z. B.: Ein Betrieb erzeugt die Schafmilch, der andere Betrieb verarbeitet diese zu besten Produkten.

1.4 ZIELE setzen und ZIELE erreichen

Erfolgreiche Direktvermarktung setzt positive, persönliche, wirtschaftliche und marktwirtschaftliche Rahmenbedingungen voraus, die in den Punkten 1 bis 3 erläutert werden.

1.4.1 Klare Zielvorstellungen

Sich Hals über Kopf in Arbeit zu stürzen mag zwar nach außen sehr dynamisch wirken, bringt aber nicht den gewünschten Erfolg. Immer dort, wo klare Zielvorstellungen fehlen, sind nachträgliche Korrekturen und unnötiger Kräfteverschleiß die zwangsläufige Folge. Ziele sind der Maßstab, an dem jede Aktivität zu messen ist. Ziele machen bewusst, was erreicht werden soll. Der Zielsetzungsprozess gliedert sich in vier Schritte:
- Ziele (beruflich und privat) definieren
- Maßnahmen planen
- Aktivitäten realisieren
- Zielerreichung kontrollieren

1.4.2 SMART-Formel

Als Hilfestellung für die Zielformulierung dient die SMART-Formel. Je konkreter Ziele formuliert werden, desto eher werden sie umgesetzt. So weiß man genau, was erreicht werden soll. Große Ziele (Vorhaben) sollen in Detailziele untergliedert werden. Schritt für Schritt an der Umsetzung arbeiten – „scheibchenweise".

S – **S**pezifisch – konkret, eindeutig und präzise
M – **M**essbar und überprüfbar
A – **A**ktionsorientiert – positiv formuliert
R – **R**ealistisch – erreichbare Ziele
T – **T**erminiert – zeitlichen Rahmen und Endpunkt festlegen

Beispiel einer Zielformulierung
Der Umsatz mit Joghurt soll in den Monaten Juni bis August im Ab-Hof-Verkauf durch Bewerbung auf Facebook – jede Woche ein Rezept mit Joghurt vorstellen – um 5 % gesteigert werden.

1.4.3 SWOT-Analyse

Positionsbestimmung und Strategieentwicklung sind Voraussetzung, um gesetzte Ziele erfolgreich umzusetzen.
Kritisches Durchleuchten der inneren und externen Faktoren bringen dem Betrieb wichtige Erkenntnisse, die zu einer langfristig erfolgreichen Betriebsführung wesentlich beitragen können. Dazu ist die SWOT-Analyse eine gute Methode.

Definition laut Wikipedia:
Die **SWOT-Analyse** (engl.: Akronym für **S**trengths (Stärken), **W**eaknesses (Schwächen), **O**pportunities (Chancen) und **T**hreats (Risiken)) ist ein Instrument der strategischen Planung. Sie dient der Positionsbestimmung und der Strategieentwicklung von Unternehmen und anderen Organisationen.[1]
Chancen sind Möglichkeiten, durch neue und/oder verbesserte Produkte und Dienstleistungen vorhandene und/oder neue Kunden zu gewinnen oder Stammkunden zu halten. Diese Chancen können durch (attraktive) Angebote von Wettbewerbern oder durch technologische und wirtschaftspolitische Veränderungen gefährdet sein (Risiken). Sobald die Risi-

VORAUSSETZUNGEN

ken aus Sicht der Verantwortlichen zu groß werden, sind geeignete Maßnahmen einzuleiten. Die Auswahl der Aktionen richtet sich nach der Einschätzung der eigenen Stärken und Schwächen (im Vergleich zum Wettbewerb) durch die Entscheidungsträger.

Mit folgenden Fragen kann der Direktvermarkter (die Unternehmerfamilie) die inneren und externen Faktoren durchleuchten und daraus IHRE Betriebsstrategie ableiten und erarbeiten, um die gesetzten ZIELE zu erreichen.

Stärken & Schwächen beleuchten – die „inneren Faktoren" aus Betriebssicht	
Stärken	**Schwächen**
In welchen Bereichen ist unser Unternehmen besonders gut – wo sind wir stark?	Was ist für unsere Zielerreichung hinderlich?
Welche Vorteile haben wir gegenüber unseren Mitbewerbern?	Wo sind unsere Schwächen?
Was sind unsere Kernkompetenzen?	Wo fehlt es uns an welchen Ressourcen?
Wo haben wir bereits sehr gute Erfahrungen gemacht?	Wo verlieren wir finanzielle Mittel?
Hat unser Unternehmen die Stärken, um seine Chance zu nutzen?	Verpasst unser Unternehmen wegen seiner Schwächen Chancen?
Chancen & Risiken beleuchten – externe Faktoren (Umweltanalyse) aus Betriebssicht	
Chancen	**Risiken**
Was lässt sich ausbauen und bietet eine Perspektive für den Betrieb?	Welche Bereiche können unser Ziel gefährden?
Welche Kundenbedürfnisse sind zu erwarten?	Welche negativen Rahmenbedingungen sind seitens der Wirtschaft und Gesellschaft zu erwarten?
Welche Trends in der Ernährung/im Lebensstil sind zu erwarten, die sich positiv auf die Direktvermarktung auswirken?	Welche Trends verfolgen unsere Mitbewerber?
Welche Nischenprodukte könnten wir produzieren?	Wo sind unsere Engpässe, wo sind wir angreifbar?
Hat unser Unternehmen Stärken, um seine Risiken zu bewältigen?	Welchen Risiken ist unser Unternehmen wegen seiner Schwächen ausgesetzt?

Im Kapitel Marketing gibt es dazu ein Praxisbeispiel!

Quelle:
[1] https://de.wikipedia.org/wiki/SWOT-Analyse

VORAUSSETZUNGEN

Arbeitsaufgaben

1. Der Betrieb Hamster ist vor einem halben Jahr in die Direktvermarktung eingestiegen. Die Produzentin bemerkt, dass ihr „Nebenprodukt Frischkäsezubereitungen" immer beliebter wird und auch zu einem höheren Preis als Frischkäse verkauft werden kann. Zudem liebt sie genau diese Arbeit so sehr, weil sie dabei kreativ sein kann. Aber es mangelt ihr an Zeit, sich neben den anderen Milchprodukten wie Weichkäsebereitung, Joghurt- und Fruchtjoghurt sowie Sauermilchkäse – was alles sehr gut vom Konsumenten angenommen wird – noch mehr mit dem beliebten Produkt zu beschäftigen. Welche Überlegungen können angestellt werden, um dahingehend eine Lösung für die Mehrproduktion der Frischkäsezubereitungen zu erzielen?

2. Ein hohes Qualitätsbewusstsein und Qualitätsdenken sind Voraussetzung für beste Produkte. Betrieb A erfüllt alle Voraussetzungen für eine erfolgreiche Direktvermarktung, und Betrieb B ist dahingehend sehr großzügig, weil ihm das Aufschreiben nicht so wichtig erscheint. Beide sind erfolgreiche Direktvermarkter. Wie aber sind die Zugänge von Betrieb A und B zu bewerten und welche Gefahren verbergen sich für Betrieb B darin?

3. Nischenprodukte brauchen ein Marktsegment, und dieses muss zuerst gefunden werden. Der Betrieb Korn stellt ganz verschiedene Getreideprodukte vom Frischgras bis hin zu Frühstücksflockenmischungen her. Welche marktwirtschaftlichen Überlegungen sind vor dem Beginn der Produktion herauszuarbeiten und zu klären?

4. Wie könnte eine SWOT-Analyse für den Betrieb Korn (Arbeitsaufgabe 3) aussehen? Versuche Stärken & Schwächen und Chancen & Risiken mithilfe der Fragestellungen bei den Ausführungen zur SWOT-Analyse zu beschreiben.

5. Versuche eine Zielformulierung nach der SMART-Formel für den Betrieb Hamster (Arbeitsaufgabe 1).

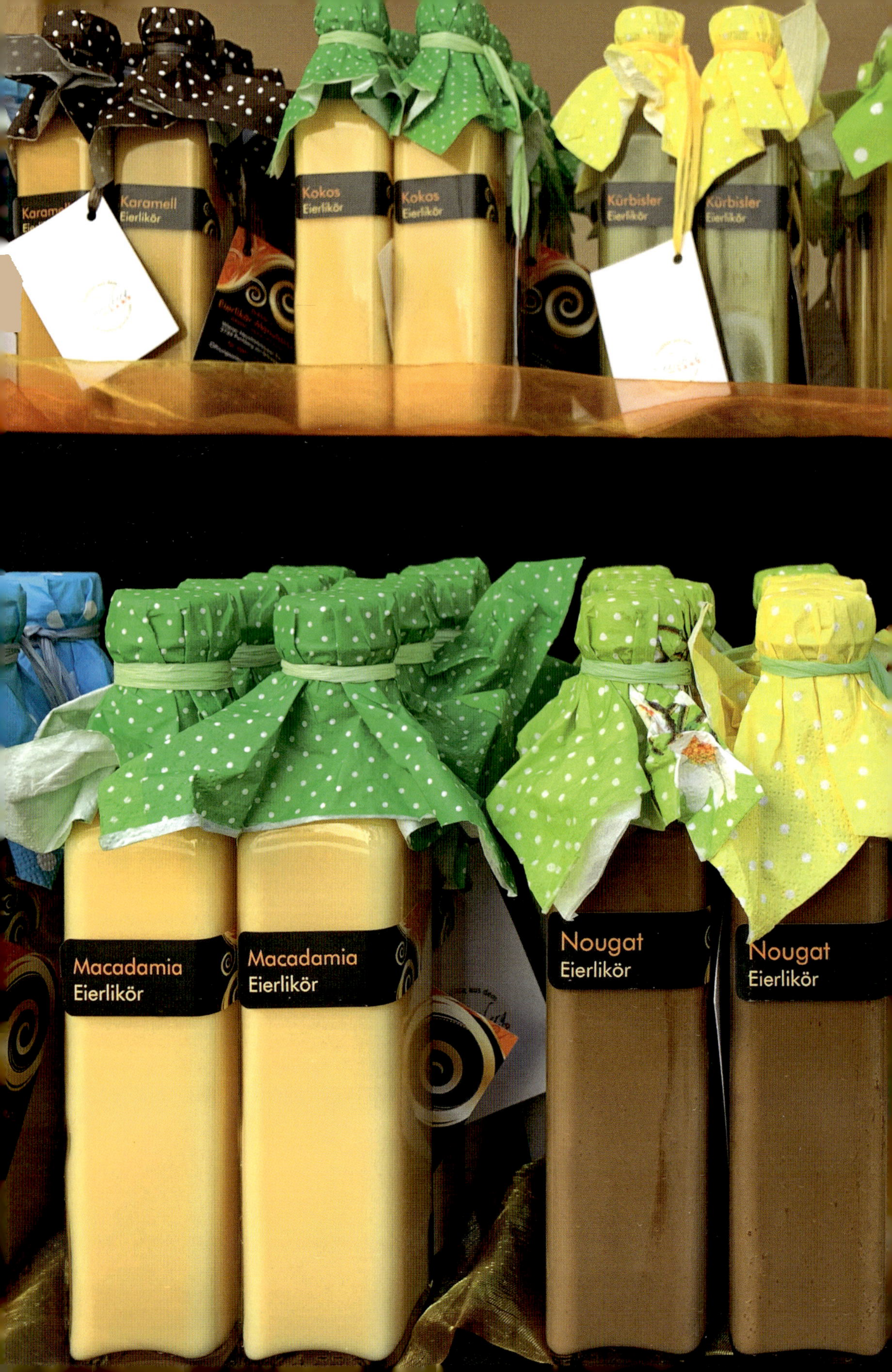
Karamell
Eierlikör
Kokos
Eierlikör
Kokos
Eierlikör
Kürbisler
Eierlikör
Kürbisler
Eierlikör
Macadamia
Eierlikör
Macadamia
Eierlikör
Nougat
Eierlikör
Nougat
Eierlikör

2 Produktfindung

Grundkompetenzen:
- Die Faktoren für die Produktfindung benennen.
- Die persönlichen Voraussetzungen für die Produktfindung erklären.
- Die Vorteile von persönlicher Erfahrung und Kenntnissen in der Produktfindung herausarbeiten.
- Die Gründe für die Einführung neuer Produkte darstellen.
- Die Faktoren für eine Produkterweiterung bzw. Herausnahme eines Produkts aus dem Sortiment ermitteln.

Erweiterte Kompetenzen:
- Die drei Faktoren zur grundlegenden Produktfindung erörtern und mit Beispielen begründen.
- Als kreative und innovative Person einen Produktkatalog für den beschriebenen Betrieb erarbeiten und bewerten.
- Nach welchen Gesichtspunkten wird eine Herausnahme eines Produkts aus dem Sortiment in der Direktvermarktung am Beispielsbetrieb erfolgen bzw. wie können diese Entscheidungen interpretiert werden?
- Welche Parameter sind bei einer Produktveränderung bzw. neuen Produktionsschienen zu überlegen und zu bewerten?
- Aus persönlicher Sicht für eine frei gewählte Produktgruppe drei innovative Produkte überlegen und mittels vorgegebenem Raster erarbeiten, warum der Kunde diese kaufen sollte.

Es gilt für das Arbeitsleben, für sich das richtige Produkt „Arbeit" zu finden, um darin gut zu sein und die Arbeit mit Freude zu verrichten. Denn ein Arbeitsleben lang etwas zu tun, was nicht erfüllend ist, ist zu mühsam, und es kann so weit gehen, dass man krank wird. Darum ist es auch für den Betriebszweig Direktvermarktung von besonderer Bedeutung, das richtige Produkt, die richtigen Produkte für sich zu finden. Diese gelingen ungleich besser und werden mit wesentlich mehr Überzeugung verkauft. Der Konsument spürt immer, wie sehr der Produzent hinter seinem Produkt steht und selbst davon überzeugt ist.

Zwar gibt es bei der Produktfindung gewisse Grenzen, an die man stößt, jedoch lassen alle Grenzen einen gewissen Freiraum zu.

2.1 Produktionsabhängig von Betriebsform

2.1.1 Betriebliche Ausrichtung hinsichtlich Produktionsform (Milch-, Mast-, Getreide-, Acker- und Gemüsewirtschaft usw.)

Grundsätzlich macht es Sinn und es ist für viele landwirtschaftliche Betriebe in Österreich auch wirtschaftlich sinnvoll, aus selbst produzierten Rohstoffen/Urprodukten be- und verarbeitete Produkte herzustellen. Durch die Veredelung dieser selbst produzierten Rohstoffe/Urprodukte kann auch ein höheres Einkommen erzielt werden, was wiederum zur betrieblichen Absicherung und Arbeitsplatzsicherung beiträgt.

2.1.2 Klimatische Bedingungen und Klimawandel

Nicht überall kann alles produziert werden, da die klimatischen Bedingungen und Böden als Voraussetzung für das Gedeihen von Flora und Fauna von größter Bedeutung sind. Die Natur hat Pflanzen und Tiere zusammengeführt, wie sie zueinanderpassen, und so funktionieren auch die unterschiedlichen Lebensräume (Getreideregionen für Schweinemast, Grünland für Rinder-/Milchwirtschaft usw.).

Allerdings ist durch den Klimawandel bereits jetzt eine Veränderung spürbar, und diese kann sowohl Nutzen als auch viel Schaden bringen. Pflanzen und Früchte aus den südlichen Ländern gedeihen teilweise inzwischen auch bei uns, wie an den Beispielen Melonen, Kiwis oder Feigen zu sehen ist. Durch die extremer werdenden Trocken- oder Nasszeiten ist bei der Produktion Rücksicht zu nehmen. Das Einhalten der Fruchtfolge zeigt, dass die landwirtschaftlichen Produktionsflächen dafür dankbar sind und sich nicht grenzenlos auszehren lassen.

2.1.3 Betriebsgröße und freie Arbeitskapazitäten

Davon hängt natürlich auch die Entscheidung ab, ob die selbst produzierten Rohstoffe am eigenen Betrieb noch weiterverarbeitet werden können. Oft entscheidet auch die Frage, wie viel Einkommen über die klassische Urproduktion zu erzielen ist. Im Zusammenhang mit freien Arbeitskapazitäten wird dann oft eine Produktveredelung am eigenen Hof angedacht. Mitunter steht die Produktveredelung für ein oder mehrere Personen am Hof für das Schaffen eines eigenen Einkommens, was nicht nur wirtschaftlich positiv ist, sondern auch die Persönlichkeit stärkt.

2.1.4 Gesetzliche Rahmenbedingungen

Nicht alles ist in der Direktvermarktung erlaubt, was sich der Konsument wünscht. Es gibt klare Regelungen hinsichtlich Urproduktion und Verarbeitung. In der Be- und Verarbeitung im Rahmen der Landwirtschaft dürfen z. B. maximal bis zu 49 % der Urprodukte/Rohstoffe zugekauft werden.

2.2 Persönliche Voraussetzungen, Kreativität und Kenntnisse

2.2.1 Freude an der Verarbeitung von Produkten

Auf den landwirtschaftlichen Betrieben werden Rohstoffe von besonders hoher Qualität erzeugt. Die hochwertigen Rohstoffe/Urprodukte am Betrieb weiterzuverarbeiten, ist nicht nur eine wertvolle Tätigkeit hinsichtlich Wirtschaftlichkeit, sondern kann sehr viel Freude bereiten. Arbeiten mit Freude lassen ganz andere Produktqualitäten zu, und die Arbeit ist für die betreffenden Personen am Hof eine schöne berufliche Erfüllung.

- Die Kunden danken es mit ihrer Treue und ihrem Lob für diese hochwertigen Lebensmittel.
- Die Kunden schätzen diese aus natürlichen Zutaten hergestellten Lebensmittel, weil es ihnen im Handel immer schwerer gemacht wird, hochwertige Lebensmittel in dieser Qualität zu bekommen.
- Mit großer Überzeugung werden die Konsumenten auch in Richtung Regionalität und Saisonalität „erzogen" und bekommen durch das Tun der DirektvermarkterInnen einen anderen Bezug zu Lebensmitteln, Essen und Genuss.
- Vielfach haben Direktvermarktungsbetriebe mit ihren Spezialitäten ein Alleinstellungsmerkmal.
- Auszeichnungen durch Prämierungen sind einerseits wichtige Marketinginstrumente, steigern das persönliche Erfolgsbewusstsein und sind auch ein wichtiger Maßstab in der Qualitätssicherung.

2.2.2 Persönliche Kenntnisse bzw. berufliche Erfahrungen

Wenn die ursprüngliche Berufsausbildung im erlernten Beruf bereits mit Lebensmittelherstellung zu tun hatte, dann wird der Einstieg in die Direktvermarktung (es muss nicht alles Be- und Verarbeitung sein, es können auch Urprodukte vermarktet werden) ein Leichtes sein. Das Wissen rund um Lebensmittelhygiene, Lebensmittellagerung, Lebensmittelproduktion, Verpackung und Kennzeichnung, Marketing sind Voraussetzung für eine erfolgreiche Direktvermarktung. Berufliche Erfahrungen und persönliche Kenntnisse unterstützen …:

PRODUKTFINDUNG

- bei Produktionsausfällen bzw. reduzieren diese auf ein Minimum.
- sparen viel Zeit in der Produktion, weil umfangreiches Wissen zu einer sehr guten Arbeitseinteilung beitragen kann.
- die Optimierung der Arbeitszeit durch die Erfahrungen.
- Arbeitsabläufe, diese werden präzise gestaltet und gesteuert.
- die zweckmäßige Raum- Einrichtung.
- den schnelleren Aufbau einer Produktvielfalt, weil die Grundproduktion schon gut erlernt ist und neue Produkte das Produzieren noch interessanter machen.

2.2.3 Kreativität und Innovation

In der Lebensmittelverarbeitung stößt man je nach hergestellten Produkten hinsichtlich Lebensmittelcodex teilweise auf Grenzen. Den Lebensmittelcodex gibt es für viele Lebensmittelgruppen, wobei nicht alle am Markt befindlichen Produkte im Lebensmittelcodex geregelt sein müssen (siehe auch Kapitel Produktion – Lebensmittelcodex).

Für bäuerliche Direktvermarkter ist es nicht das große Ziel, ausschließlich durch den Lebensmittelcodex geregelte Produkte herzustellen. Dies trifft vielfach auf Gewerbebetriebe mit größeren Produktionsstätten und klassischen Produkten zu wie eine Großfleischerei, die Extrawurst und Co. produziert. Spannender ist es für die engagierten Bäuerinnen und Bauern, kreative und innovative Produkte herzustellen, um sich so am Markt abzuheben. Gefördert werden kreative und innovative Produkte durch Menschen, Medien, Zufälle etc.

- Sie entstehen aus dem Bedürfnis, einmal etwas „anderes" aus den selbst produzierten Rohstoffen/Urprodukten herzustellen (Getreide – Brot, neu: Getreide – Knuspermüsli).
- Die Kunden fragen nach einem anderen, neuen Produkt nach (als Geschenk z. B. eine „musikalische Idee", einen Notenschlüssel für ein Musikantenjubiläum aus leicht gesüßtem Germ-/Hefeteig oder auch aus gesundheitlichen Gründen z. B. zuckerreduzierte Marmelade).
- Portionsgrößen und Verpackungen den heutigen Haushaltsgrößen anpassen und insbesondere Singlehaushalte miteinbeziehen.
- Traditionelle Rezepturen wieder ans Tageslicht holen (wie Fermentieren von Gemüse – früher war Sauerkraut Vitamin-C-Spender Nr. 1), die jetzt eine ganz besondere Renaissance erfahren.
- Gewohnte Lebensmittelkombinationen abändern und mit neuen unkonventionellen Lebensmitteln kombinieren (in der Eisherstellung auf Spargeleis oder Grazer Krauthäupteleis setzen, Maroni durch Käferbohnen oder Linsen ersetzen).
- Produzieren von besonderen Lebensmitteln, die nicht viel Grund und Boden und Technik benötigen (als Beispiel sei der Knoblauch genannt oder kontrolliertes Heu zum Kochen und Backen, besondere Kräuter für besondere Kräuterprodukte wie Kräuter-Käse-Kuchen).
- Wertvolle Kinderlebensmittel herstellen (gesunde Schuljause, Joghurtdrinks, Gemüsemuffins, Brotlasagne usw.).
- Teilnahme an Prämierungen in den jeweiligen Produktkategorien, wo es auch die Gruppe der innovativen Produkte gibt (bei Broten kann es ein Grammel-Käse-Brot oder ein Nuss-Buchweizen-Brot sein, bei Frischkäse verschiedene hübsche Frischkäsezubereitungen im Glas u. v. m.).

2.2.4 Weiterbildungen

Der Begriff des „lebenslangen Lernens" birgt jeden Tag eine große Wahrheit in sich. Lernen ist täglich möglich und immer erlaubt. Von wem und wie man lernt, ist nicht allein ausschlaggebend, Hauptsache man ist dem Lernen gegenüber offen und bereit, neues Wissen aufzunehmen.

Wer Gemüse anbaut, hat viele Möglichkeiten, es „veredelt" anzubieten, wie hier im Direktvermarktungsangebot von www.mosomarkt.at.

Nur wer sich weiterbildet, wird Fortschritte machen und erfolgreich sein. Erfolg hängt nicht nur vom Fleiß ab. Es geht da um vieles mehr! Wissen um die Produktion, Produktpreiskalkulation, Marketingstrategien und rechtliche Rahmenbedingungen sind Basis und lassen Fehler vermeiden. Aus- und Weiterbildungen dazu sind für nahezu alle Produktsparten und viele weitere Aspekte, die Direktvermarktung betreffend, zu finden.

Kursangebote dazu sind leicht zu finden und es gibt regelmäßig Möglichkeiten, sein Wissen zu erweitern:

- Angebote der Ländlichen Fortbildungsinstitute (LFI) in den Bundesländern (www.lfi.at)
  o Zertifikatslehrgänge für Direktvermarktung, Buschenschank, Seminarbäuerinnen, Sommeliers (Edelbrand, Most, Brot usw.)
  o Einschlägige spezielle Angebote zur Persönlichkeitsbildung
  o Lebensmittelverarbeitung
  o Produktentwicklung
- MeisterInnenausbildung für alle 12 landwirtschaftlichen Berufe (https://bit.ly/2HiTeSY)
- Gutes vom Bauernhof (www.gutesvombauernhof.at)
- Wirtschaftsförderungsinstitut (WIFI) in den Bundesländern (www.wifi.at)
- BIO Austria (www.bio-austria.at)

2.3 Betriebsumstellung auf neue Produkte

Dabei kann es um eine Erweiterung der bisherigen oder Veränderung der Produktpalette gehen oder überhaupt um eine ganz neue Produktschiene. Eines steht jedenfalls fest: Die Wege dazu müssen sehr gut überlegt werden. Denn zu einem hohen Prozentsatz geht es um Einsatz finanzieller Mittel und um einen höheren Arbeitszeitaufwand.

Der Grund der Umstellung bzw. Erweiterung muss ebenso gegeben sein, wie dafür ein entsprechender Markt vorhanden zu sein hat. Bei hohen Investitionen ist immer zu beachten, dass sich die Kostenspirale nicht auf Substanz des Produzenten nach oben schraubt und es auch zu einer großen Arbeitsüberlastung führt. Der Ausfall der „Hauptperson" in der Produktionskette kann die Vermarktung zum Stillstand bringen, wodurch die Kostenschere dann noch weiter aufgehen kann. Darum müssen finanzielle Mittel und Arbeitsressourcen schon vor dem Start einer neuen Produktpalette sehr genau überlegt und in Einklang gebracht werden.

2.3.1 Erweiterung und/oder Veränderungen der bisherigen Produktpalette

Hohe Motivation, Kreativität oder auch Nachfrage führen meist zu Überlegungen hinsichtlich neuer Produkte, die bisher am Betrieb noch nicht erzeugt wurden. Möglicherweise könnten andere Produkte eingestellt werden, da für diese der Markt nicht mehr ausreichend vorhanden ist.

Produktpalette ändern bzw. erweitern – das führt zu ...

- mehr Erlös durch verarbeitete Produkte, weil der Grundpreis, z. B. Milchpreis, nicht mehr kostendeckend ist.
- breiterer Produktpalette, die mehr und neue Kunden bringt.
- möglicherweise Wegfall eines Vertriebsweges und dessen Produktmenge (z. B. Großabnehmer Krankenhaus für Milchprodukte).
- Auslastung der Investitionen.
- frei werdenden Arbeitsressourcen (z. B. Kinder sind in der Schule oder außer Haus).
- dem Finden des eigenen Standbeins am Betrieb.
- immer größerer Freude an der Produktveredelung.
- einer Umsetzung neuer, innovativer Produktideen.
- Produkten, die den Jahreszeiten angepasst werden (z. B. Monatsbrote).
- einer Produktvielfalt für Geschenkverpackungen oder andere Verkaufsstellen.
- Kundeninteresse bzw. Wünschen von Neukunden.
- einer Einbeziehung von Gesundheit und Essenstrends.

Neue Produktschiene eröffnen, weil:

- ein weiteres Standbein geschaffen werden kann.
- man damit seinen eigenen Arbeitsbereich im Betrieb aufbauen kann.
- mehr bzw. eigenes Einkommen geschaffen werden kann.

- vorhandene Raumressourcen besser genutzt werden.
- der/die HofübernehmerIn eine andere Produktschiene eröffnen möchte.
- persönliche Produktvorlieben außerhalb des Stammbetriebs umgesetzt werden können (z. B. Kräuterwanderungen und Kräuterprodukte).
- die Naturverbundenheit in Produkte umzusetzen (z. B. Verarbeitung von Wildfrüchten wie Beeren, Pilze oder Kräuter) eine besondere Freude ist.
- Erlerntes aus Beruf, Bildung bzw. Weiterbildungen mit Freude in Produkte umgesetzt werden kann.
- man den vorhandenen Markt abdecken möchte (z. B. Bauernbrot, Honigprodukte).
- mehr Kreativität bei der Produktion ausgelebt werden kann (z. B. Traditionsgebäcke backen, Frischkäsezubereitungen, …).
- diese neuen Produkte zufrieden machen.

Die Auflistung der angeführten Überlegungen soll in erster Linie zum Nachdenken anregen und auch Mut zu selbstständigem Tun zusprechen. Jeder Mensch hat das Recht darauf, seine Arbeitszeit damit zu verbringen, um das zu TUN, was richtig FREUDE macht! Wenn der Beruf zur Berufung wird, entsteht meist Großartiges. Diese Freude wird durch die hergestellten Produkte sichtbar und spürbar.

Welche Punkte sind vor einer Produktumstellung jedenfalls genau zu überlegen und zu überdenken?
- Welche Ressourcen an Grundprodukten/Rohstoffen sind am Betrieb vorhanden oder überschüssig?
- Zwingt die Einführung neuer Produkte zu einer Betriebsumstellung?
- Wie komme ich sonst zu meinen Grundprodukten und ist dies im gewerberechtlichen Rahmen der Landwirtschaft möglich?
- Welche Person am Betrieb kann und wird diese Produkte herstellen?
- Wie viel Zeit wird für die Produktion gebraucht?
- Wie viel Zeit erfordert die Vermarktung?
- Wer kann unterstützen, wenn die Hauptperson ausfällt bzw. Unterstützung braucht?
- Wo und wie werden diese Produkte vermarktet?
- Über welche Vertriebswege lassen sich diese Produkte am besten absetzen?
- Wer sind meine möglichen Kunden/Zielgruppen?
- Brauche ich neue Kunden bzw. eine ganz andere Kundenschicht als bisher?
- Brauche ich neue bzw. zusätzliche Marketingmaßnahmen für die neuen Produkte?
- Welche Investitionen sind erforderlich?
- Wie hoch sind die Investitionskosten?
- Ab welcher Produktmenge, welchem Erlös aus diesem Betriebszweig ist die Investition wirtschaftlich?
- Wo liegt der Break Even Point/die Gewinnschwelle?

Erst wenn alle diese Fragen geklärt und innerhalb der handelnden Personen des Betriebs besprochen sind, kann an eine Umstellung auf neue Produkte herangegangen werden.
Wer gut plant, spart sich Zeit, Geld und Ärger!

2.4 Praxisbeispiele

Mit nachfolgenden Beispielen wird aufgezeigt, wie bäuerliche DirektvermarkterInnen ihren Weg und „ihre" Produkte gefunden haben.

2.4.1 Bianca Luef

Brot – meine große Leidenschaft
Unser Betrieb in St. Peter-Freienstein ist ein Vollerwerbsbetrieb mit Milchviehhaltung und Forstwirtschaft. Mit großer Freude bewirtschaften mein Mann Manfred und ich diesen Betrieb und unsere beiden Kinder Elena (10) und Florian (6) sind voll mit dabei.

Vor vier Jahren habe ich meine Liebe zum Brotbacken entdeckt. Der Grund, WARUM ich anfing, Brot zu backen, war, dass vor allem meine Familie mit dem im Geschäft gekauften Brot unzufrieden war. Die ersten Versuche waren eher dürftig. Ich glaubte aber fest daran, dass ich es kann, dass irgendwann DAS BROT gelingt. Ich probiere viele Rezepte, änderte ab, war der Brotbackbegeisterung dadurch endgültig verfallen. Durch viele Versuche war Brot reichlich vorhanden und ich begann es unter Freunden zu verschenken.
Eines schönen Tages wurde mir die Frage gestellt: „Können wir dein Brot auch kaufen?" „Ja, sicher!", ging es mir durch den Kopf. Bianca erzählt mit

PRODUKTFINDUNG

Bianca Luef – Brotbäuerin aus Leidenschaft

2.4.2 Susanne Schneider

Knoblauchbäuerin und Kräuterpädagogin

Mein Name ist Susanne Schneider. In Hartl bei Fürstenfeld zu Hause, bewirtschafte ich einen 7200 m² großen Obst- und Gemüsegarten. Überschüsse werden direkt ab Feld verkauft. Eine besondere Leidenschaft von mir ist der Knoblauch. Neun Sorten haben bisher zu mir gefunden, die liebevoll weitervermehrt werden und an unseren Standort im Thermen- und Vulkanland angepasst werden. Mein größtes Anliegen ist es, den Knoblauch wieder zurück in die Hausgärten zu bringen, den Leuten die Scheu vor dem eigenen Anbau und der Vermehrung zu nehmen. Aus diesem Grund teile ich mein Wissen nun schon seit sechs Jahren in einem ausführlichen Koch- und Gartenkurs, inklusive Feldbegehung, der immer Ende Juni kurz vor der Knoblauchernte stattfindet. Mittlerweile werde ich in Gartenvereine, Kochschulen und auf diverse Veranstaltungen eingeladen, um die Menschen mit meinem Knoblauchfieber anzustecken. In der Küche verwende ich den Knoblauch in all seinen Stadien. Im Winter und Frühling als Bundknoblauch (ähnlich Bundzwiebeln), ab Anfang Juni den jungen Knoblauch. Zu dieser Zeit ernte ich auch die Blütenköpfe, schäle sie und lege sie in Essig ein. Favoriten sind nach wie vor das Knoblauchsalz sowie der in Honig-Rosmarin-Marinade eingelegte Knoblauch. Ganz klassisch lege ich noch Knoblauchzehen in eine würzige Wein-Essig-Mischung ein, als Schmankerl zur steirischen Jause. Ein Teil der Ernte wird getrocknet und als Granulat und Pulver verwendet. Absoluter Hit, Verkaufsstart von steirischem Knoblauch Anfang August!

strahlenden Augen: Ich liebe das Brotbacken und freue mich über jeden, der mein Brot auch so gerne isst, wie ich es backe. Das war der Start in die Vermarktung meines Brotes. Wir adaptierten daraufhin einen alten Wirtschaftsraum als meine Brotküche. Seitdem ist das MEIN Reich. Ich fühle mich in meiner Brotküche so wohl; es ist für mich Entspannung pur, dort meine inzwischen 26 Sorten Brot zu backen. Ich backe auf Vorbestellung, die Vermarktung erfolgt dann direkt ab Hof. Die Kunden kommen zu uns, wobei immer wieder interessante Gespräche entstehen. Zwei Geschäfte in der Umgebung beliefere ich einmal in der Woche persönlich. Inzwischen haben wir mit dem eigenen Getreideanbau begonnen. Das ist der nächste Schritt, um bestes regionales Brot herzustellen. Zu meiner großen Freude wurde mein Brot schon 2017 und auch 2018 mit Gold prämiert, und es ist mir gelungen, sieben Goldmedaillen bei der steirischen Brotprämierung zu „erbacken".

Zusammengefasst ist für mich mein Beruf Berufung. Ich liebe es und bin unendlich stolz darauf, Bäuerin zu sein, auch wenn ich in meinem Ursprungsberuf Masseurin und Gesundheitstrainerin bin und nicht von einem Bauernhof stamme. Jedoch für mich hat immer ein Puzzleteil gefehlt. Und im Brot hab' ich es gefunden. Ich liebe das, was ich tue! Denn wenn man von seinem Tun und seinem Beruf ehrlich begeistert ist, verwandelt sich jede Arbeit in Vergnügen.

Die Knoblauchbäuerin Susanne Schneider inmitten ihres bald blühenden Knoblauchs

2.4.3 Weinviertler Safran – Robert Niederreiter, Hohenruppersdorf
www.weinviertlersafran.at

Safran, *(Crocus sativus)* ist eine Krokusart. Der Ursprung des Safrans ist das Himalaya-Gebiet. Der Name stammt aus dem arabischen „za'fran", übersetzt bedeutet er „gelb – sein".

Das Gewürz durchlief in seiner mindestens 5000-jährigen Geschichte viele Epochen. Schon zu Zeiten der Römer unter dem Herrscher Julius Cäsars wurden die Speisen mit Safran gewürzt. Sie mischten es auch in ihr Badewasser, da sie glaubten, es habe eine aphrodisierende Wirkung auf Körper und Geist. Im 12. Jahrhundert, so wird vermutet, wurde der Safran von Mönchen des Mittleren Ostens über die Seidenstraße nach Europa geschmuggelt. Durch diese Handelsbeziehungen kam der Safran im Mittelalter auch nach Deutschland und Österreich. Damals hatte der Safran in Europa Hochkonjunktur. Die Strafen für Fälschungen und Diebstähle waren sehr hoch. Es wird erzählt, dass sogar die Todesstrafe als höchste Strafe galt.

Während der Regentschaft Maria Theresias, in der Zeit von 1740 bis 1780 sowie mehrere Jahre danach, war der beste Safran Europas im Weinviertel zu finden. Leider brach die Produktion durch die Industrialisierung und Jahrhundertkälte in Deutschland und Österreich ein. Es wurden nur mehr geringe Mengen produziert, die Anbauflächen verschwanden durch die beiden Weltkriege gänzlich. Heute, 70 Jahre nach Kriegsende, kann man mit Zuversicht sagen, dass der Safran wieder im Weinviertel heimisch ist.

Safran ist das teuerste Gewürz der Welt. Der Preis rechtfertigt sich dadurch, dass man für 1 Gramm getrockneten Safran ca. 150–180 Blüten pflücken muss. Nach dem Pflücken werden die Safranfäden getrocknet und verlieren 80 % ihres Gewichtes.

„2011 begann ich, im Weinviertel die alte Safrantradition neu zu entdecken. Gut ausgesuchte und hochqualitative Safranknollen wurden von mir gesetzt, auf biologischer Basis kultiviert, sehr gut gepflegt und mit Liebe geerntet. Nach mehreren Versuchen kreierte ich selbst mehrere Fruchtaufstriche mit Safran. Anfangs im Rahmen der bäuerlichen Obstverwertung in geringen Haushaltsmengen. Dann gelang es mir, den herb-würzigen Geschmack von Safran mit sonnengereiften Früchten zu einem äußerst guten Fruchtaufstrich zu vereinen. Heute stelle ich vier verschiedene Fruchtaufstriche mit Safran her. Für Genießer gibt es Safran-Natursalz, getrocknete Safranblüten im Glas, Nudeln mit Safran, Safranhonig, Safrangugelhupf und auch Schafsmilchseife mit Safran. Gartenfreunde können Bio-Safranknollen ganzjährig bestellen. Meine Produkte biete ich über den eigenen Webshop und auf Märkten an. Mein größter Wunsch wäre, die Eigenschaften, die Safran in sich trägt, in der Lebensmittelbranche sowie in der Pharmazie richtig zu etablieren und das Bewusstsein dafür zu stärken.

Dazu gehört nicht nur seine kulinarische Präsenz, sondern auch die positive Wirkung, die Safran auf den Körper ausübt. Zuständig dafür ist der Wirkstoff Crocetin, der im Safranal – dem ätherischen Öl des Safrans enthalten ist."

Nützliche Informationen zur Wissenserweiterung:

Mein Hof – mein Weg
zeigt innovative Betriebe aus ganz Österreich auf
https://meinhof-meinweg.at/at/ueber-uns/projektinfo.php

Wissenswertes für Neueinsteiger und Erfolgsgeschichten
http://www.chance-direktvermarktung.at/erfolgsgeschichten.html

Arbeitsaufgaben:

1. Die drei Faktoren zur grundlegenden Produktfindung inhaltlich erörtern und mit Beispielen begründen

Faktoren der Produktfindung	Inhaltlich erörtern	Beispiel begründen
Produktionsabhängig von Betriebsform		
Betriebsgröße und freie Arbeitskapazitäten		
Gesetzliche Rahmenbedingungen		

2. Für folgenden Betrieb werden fünf kreative Produkte erstellt und diese anschließend nach folgenden Parametern bewertet: Kreativität, Regionalität, Vermarktungsmöglichkeiten.

Zum Betrieb: Eine junge Hofübernehmerin möchte nach Abschluss der Facharbeiterausbildung bis zur Hofübernahme am Hof ein eigenes Standbein für sich aufbauen, für das sie zuständig und allein verantwortlich ist. Der Hof ist ein Legehennen- und Ackerbaubetrieb mit Getreideproduktion. In einem Verkaufsautomaten werden bisher schon Eier und Nudeln (um nicht verkaufte Eier zu verwerten) verkauft. Die Jungbäuerin will sich nun fünf kreative Produkte aus den Grundprodukten Eier und Getreide bzw. Mehl überlegen, die ebenfalls über den Verkaufsautomaten verkauft werden können.

3. Eine Produktreduktion ist bei dem beschriebenen Betrieb aus familiären Gründen erforderlich. Welche Produkte sollten eingestellt werden?
Warum wird dies notwendig sein und wie können diese Entscheidungen interpretiert werden?

Zum Betrieb: Am Betrieb wird seit Jahrzehnten zweimal wöchentlich (Dienstag und Freitag) auf Vorbestellung Brot für den Ab-Hof-Verkauf gebacken. Es sind drei Brotsorten (Bauernbrot, Vollkornbrot mit Ölsaaten und ein Monatsbrot je nach Jahreszeit). Vor gut zehn Jahren hat es sich ergeben, in der örtlichen NMS dreimal in der Woche gesunde Schuljause anzubieten, was auch sehr gut angenommen wird.

PRODUKTFINDUNG

Allerdings sind die gut 150 Gebäckstücke minutengenau für die große Pause zu liefern und in kürzester Zeit zu verkaufen. Das Kleingebäck in der Art der Schuljause hat sich positiv herumgesprochen und wird seit einiger Zeit – insbesondere an Wochenenden oder für Feiern jeder Art – sehr gern bestellt. Bezüglich dieser Nachfrage kann je nach verfügbarer Zeit zu- bzw. auch einmal absagt werden. Bisher gab es keine zeitlichen Probleme.

Nun ist der Fall eingetreten, dass es einen Pflegefall in der Familie gibt und diese Person daheim gepflegt wird. Das erfordert einige Stunden pro Tag, und so ist es ohne gesundheitliche Belastung nicht mehr möglich, alle Gebäcke bzw. Kundenwünsche im gewohnten Rahmen herzustellen. Es müssen Produkte weggelassen werden, aber der Betriebszweig in geringerem Ausmaß kann noch beibehalten werden.

4. Die Veränderung der Produktpalette bzw. eine neue Produktschiene auf einem Bauernmarkt bedarf vieler Überlegungen. Im Vordergrund für eine Veränderung bzw. Produkt-Einführung stehen persönliche Vorlieben für neue Produkte, z. B. Kräuterprodukte, und der Verkaufsrückgang von Säften und Sirupen.
Wie sind dabei die arbeitszeitlichen Auswirkungen zu bewerten?
Die Einführung einer neuen Produktschiene bedarf einiger Anstrengung, um diese Produkte marktfähig zu machen. Aber die neuen Produkte können ein großer Erfolg werden.
Nach welchen Parametern wird die Veränderung entschieden, wobei die Arbeitszeit, Wirtschaftlichkeit und der Produktabsatz bzw. Start der neuen Produktschiene bewertet werden sollen.

5. Aus einer frei gewählten Produktgruppe (Gemüse, Obst, Säfte, Brot, Milch, Fleisch usw.) sind drei innovative Produkte zu überlegen. Formulieren Sie Verkaufsargumente nach den unten gelisteten Gesichtspunkten, um den Kunden zum Kauf zu animieren.

Produkt			
Innovation			
Preis			
Regionalität			
Inhaltsstoffe bzw. Zutaten			
Traditionelle Herstellungsverfahren			

Produktion

(Ing. Gabriela Stein, LK OÖ)

Grundkompetenzen:

- Den Begriff Eigenkontrolle in der Direktvermarktung beschreiben.
- Die erforderlichen Temperaturbereiche für die Lagerung von Lebensmittel nennen und die Temperaturbereiche dazu anführen.
- Die definierten Angaben der Lebensmittelkennzeichnung anhand eines Etiketts (pasteurisierte Milch, vakuumiertes Frischfleisch, Saft, Fruchtaufstrich etc.) herausarbeiten.
- Den Unterschied zwischen verpackter und offener Ware benennen und beschreiben.
- Aus dem Österreichischen Lebensmittelbuch, Codexkapitel B32 „Milch- und Milchprodukte" drei Produkte herausarbeiten.

Erweiterte Kompetenzen:

- Ein Musteretikett für ein beliebiges Milchprodukt erstellen.
- Mit der Checkliste „Anforderungen für Räume, Einrichtungen und Geräte" anhand eines Verarbeitungsraums den Raum durchleuchten und die entsprechenden Dokumentationen festhalten. Zudem die Problemlösungen erarbeiten.
- Einen Reinigungs- und Desinfektionsplan für einen Verarbeitungsraum erstellen und im praktischen Unterricht umsetzen.
- Die Anforderungen an das Personal in der Verarbeitung erklären und Maßnahmen zur Überprüfung festlegen.

3.1 Räumliche Voraussetzungen

Der landwirtschaftliche Betrieb ist laut gesetzlicher Definition Lebensmittelunternehmer und damit für die Sicherheit seiner Produkte verantwortlich. Um sichere Produkte herstellen zu können, kommt in der Lebensmittelproduktion den Räumlichkeiten für Lagerung der eigenen Rohstoffe, der zugekauften Rohstoffe bzw. Zutaten, der Produktion selbst und der Lagerung der produzierten Lebensmittel bis hin zum Verkauf besondere Bedeutung zu. Die dafür vorgesehenen Räume (und auch Behältnisse) müssen Schutz vor gegenseitiger nachteiliger Beeinflussung gewährleisten. Man spricht hier auch vom Ausschluss der Kreuzkontamination. Die Räume müssen daher so konzipiert und ausgestaltet sein, dass Kontaminationen zwischen und während den Arbeitsgängen vermieden werden und eine gute Lebensmittelhygiene gewährleistet ist. Bei der Planung und Ausgestaltung der Räume ist daher das Hygienerisiko der hergestellten Produkte und das zugrunde liegende Arbeitskonzept zu berücksichtigen. Um dies zu überprüfen, gibt es im „Handbuch zur Eigenkontrolle – für bäuerliche Betriebe, die mit Lebensmittel umgehen" von LK und LFI Österreich[1] Checklisten zur Selbstbewertung der Räumlichkeiten.

Für Schlacht-, Zerlege- und Verarbeitungsbetriebe gibt es das „Handbuch zur Eigenkontrolle für bäuerliche Schlacht-, Zerlege- und Verarbeitungsbetriebe", Herausgeber LK Österreich und LFI Österreich, in dem Checklisten für die betrieblichen Räumlichkeiten eine wertvolle Hilfestellung zur Umsetzung der hygienischen Anforderungen darstellen.

PRODUKTION

Handbuch zur Eigenkontrolle für bäuerliche Betriebe, die mit Lebensmitteln umgehen

INHALTSVERZEICHNIS

I. Ziel, Rechtslage, Verantwortung 3
II. Betriebsstätten 6
   1. Räume und Ausstattung 6
      CHECKLISTE Anforderungen für Räume, Einrichtungen und Geräte 6
      CHECKLISTE Anforderungen für ortsveränderliche und/oder nichtständige Betriebsstätten (Marktstände, Verkaufsfahrzeuge etc.) 9
   2. Transport 10
   3. Wasserversorgung 11
   4. Lagerung von Rohstoffen, Zutaten, Verpackungsmaterial 11
      CHECKLISTE Kühlraum 12
      Aufzeichnung des Überschreitens der Kühlraumtemperatur 14

CHECKLISTE
Anforderungen für Räume, Einrichtungen und Geräte

Räume, in denen Lebensmittel gelagert, bearbeitet, verarbeitet und zubereitet werden, müssen sauber und in Stand gehalten werden. In Produktions- und Lagerräumen befinden sich keine Topfpflanzen und Schnittblumen. Sind Topfpflanzen z.B. zur Dekoration im Gastraum oder zum Verkauf im Verkaufsraum (wie etwa Gewürz-Kräuter) vorhanden, muss darauf geachtet werden, dass dadurch keine Kontamination von Lebensmitteln erfolgen kann.
Es muss sicher gestellt sein, dass Haustiere keinen Zugang zu Räumen haben, in denen Lebensmittel zubereitet, behandelt oder gelagert werden.

    O   erfüllt
    O   Abweichung: .... behoben am: ....

Fußböden müssen aus abriebfestem, wasserundurchlässigem, leicht zu reinigen und erforderlichenfalls zu desinfizierenden Material sein.

    O   erfüllt
    O   Abweichung: .... behoben am: ....

Abflüsse müssen abgedeckt und geruchssicher sein. **Abwassersysteme** sind so auszuführen, dass Kontaminationen vermieden werden. Die Ableitung der Abwässer über den Boden der Arbeitsräume und stehendes Wasser (z.B. Pfützenbildung) sind zu vermeiden.

    O   erfüllt
    O   Abweichung: .... behoben am: ....

☞ Neigung des Fußbodens mit einem Abfluss an der tiefsten Stelle empfohlen.

Teil der Checkliste „Anforderungen für Räume, Einrichtungen und Geräte", aus dem Handbuch zur Eigenkontrolle für bäuerliche Betriebe, die mit Lebensmitteln umgehen; LK Österreich und LFI Österreich.

PRODUKTION

Die Checklisten sind praxisgerecht aufbereitet, teilweise mit Interpretationen versehen, je einem Kästchen, ob die Anforderung erfüllt wird, oder bei Abweichungen müssen diese vermerkt werden, mit dem Hinweis, bis wann die Abweichung behoben wird.

Da im Kapitel „Produktion" der Schwerpunkt auf die Produktion von Milchprodukten (siehe Praxisbeispiel) gelegt ist, hier noch der Hinweis auf die „Leitlinie für eine gute Hygienepraxis und die Anwendung der Grundsätze des HACCP für bäuerliche Milchverarbeitungsbetriebe" vom Bundesministerium für Arbeit, Soziales, Gesundheit und Konsumentenschutz. Sie ist ein Hilfsmittel für ein betriebliches Eigenkontrollsystem – siehe auch Kapitel 5, Qualitätssicherung/Aufbau eines Eigenkontrollsystems – und enthält wertvolle Checklisten zur Selbstevaluierung[2]:

Auch hier gibt es im Kapitel III, „Betriebsstätten", Ausführungen zu:

1. Grundausstattung (WC, Wasser, Umkleidemöglichkeiten)
2. Anforderungen an Verarbeitungs-, Reife- und Lagerräume
3. Transport
4. Einrichtung, Geräte, Gegenstände

Und wiederum unterstützen den Direktvermarkter hilfreiche Checklisten bei der Selbstevaluierung[3]:

Checkliste

- **Fußböden** müssen in einwandfreiem Zustand sein. Das verwendete Material muss abriebfest, wasserundurchlässig, nicht toxisch, leicht zu reinigen und erforderlichenfalls zu desinfizieren sein.
  O erfüllt
  O Abweichung: .... behoben am: ....

Empfohlen wird eine Verfliesung mit säurefester Verfugung oder ein entsprechender Anstrich oder eine entsprechende Oberflächenbehandlung. Es soll ein Gefälle von 0,5 bis 1% zum Bodenabfluss vorliegen; die Übergänge zwischen Fußboden und Wand sollen abgerundet sein.

Roher Beton ist als Bodenbelag in Verarbeitungsräumen ungeeignet. In Käsereiferäumen sind Ausnahmen möglich, wenn ein entsprechendes Eigenkontrollsystem vorliegt.

- **Abflüsse** müssen gegebenenfalls vorhanden, sowie abgedeckt und geruchssicher sein.
  O erfüllt
  O Abweichung: .... behoben am: ....

- **Wände** müssen in einwandfreiem Zustand sein. Das verwendete Material muss abriebfest, wasserundurchlässig, leicht zu reinigen und erforderlichenfalls zu desinfizieren sowie nicht toxisch sein. Das Material muss glatt sein bis zu einer Höhe, wo bei normalem Arbeitsablauf eine Verschmutzung zu erwarten ist.
  O erfüllt
  O Abweichung: .... behoben am: ....

In Käsereifungsräumen sind Ausnahmen möglich, wenn ein entsprechendes Eigenkontrollsystem vorliegt.

Allfällige Schäden - z. B. schadhafte oder fehlende Fliesen – sind auszubessern.

- **Decken** (oder soweit nicht vorhanden, die **Dachinnenseiten**) und **Deckenstrukturen** müssen leicht sauber zu halten sein. Schmutzansammlungen, Kondensation, unerwünschter Schimmelbefall, das Ablösen von Materialteilchen müssen auf ein Mindestmaß beschränkt sein.
  O erfüllt
  O Abweichung: .... behoben am: ....

3.2 Lebensmittelsicherheit – Eigenkontrollsystem – am Beispiel Leitlinie für bäuerliche Milchverarbeitungsbetriebe

Die EU hat 2004 ein umfassendes Hygienepaket beschlossen, das mit 01.01.2006 in Kraft getreten ist. Ebenfalls ab 1.1.2006 gilt das österreichische Lebensmittelsicherheits- und Verbraucherschutzgesetz (LMSVG). Ziel dieser gesetzlichen Bestimmungen ist es, eine größtmögliche Lebensmittelsicherheit zu erreichen. Jeder Direktvermarkter ist ein Lebensmittelunternehmer und muss dazu ein Eigenkontrollsystem am Betrieb installieren. Er ist für die Sicherheit seiner Produkte von der Produktion bis zum Verkauf verantwortlich.

Die *„Leitlinie für eine gute Hygienepraxis und die Anwendung der Grundsätze des HACCP für bäuerliche Milchdirektvermarkter"*, veröffentlicht vom Bundesministerium für Arbeit, Soziales, Gesundheit und Konsumentenschutz, ist ein Hilfsmittel zur praktischen Umsetzung eines betrieblichen Eigenkontrollsystems für den Milch-Direktvermarkter. Die Leitlinie bildet auch die Basis für die Behördenkontrolle und ist wie folgt aufgebaut[4]:

INHALTSVERZEICHNIS

	Seite:
I. Ziel	**3**
II. Rechtslage	**3-4**
1. Rechtsquellen	3
2. Geltungsbereich	3
3. Verantwortung und Zuständigkeit (Eigenkontrolle, Rückverfolgbarkeit/-verfolgung….)	4
III. Betriebsstätten	**4-8**
1. Grundausstattung (WC, Wasser, Umkleidemöglichkeit, …..)	4-5
2. Anforderungen an Verarbeitungs-, Reife- und Lagerräume	5-7
3. Transport	8
4. Einrichtung, Geräte, Gegenstände	8
IV. Allgemeine Hygiene	**8-13**
1. Reinigung und Desinfektion	8-10
2. Vorschriften für Lebensmittel	11
3. Vorschriften für gesundheitsgefährdende und/oder ungenießbare Stoffe bzw. Abfälle	11
4. Schädlingsbekämpfung – Kontrollblatt (Muster)	11-12
5. Schulung	13
V. Gute Herstellungspraxis	**13-34**
1. Hygienisches Arbeiten	13-14
2. Kühlung	14
3. Herstellungsabläufe/Produktblätter	15-34
VI. Eigenkontrolle	**35-39**
1. Dokumentation und Aufzeichnungen	35
2. Produktuntersuchungen	36-39
2.1 Untersuchungen auf die Lebensmittelsicherheit	36-37
2.2 Untersuchungen auf Prozesshygiene	37-39
VII. Milchausgabeautomaten	**40-41**
ANHANG I (gesundheitliche Anforderungen)	42-43
ANHANG II (Checkliste: Prozesse und Tätigkeiten bei Käsen mit Oberflächenreifung)	44-49
ANHANG III (Regelungen zur Eintragung oder Zulassung von bäuerlichen Milchverarbeitungsbetrieben)	50-51

PRODUKTION

Die Leitlinie hat Gültigkeit für „registrierte" oder auch von der Behörde „zugelassene" Milchverarbeitungsbetriebe und unterstützt bei der Umsetzung einer „Guten Hygienepraxis".

3.2.1 BETRIEBSSTÄTTEN
Grundausstattung
- Lagerung der Milch (Milchkammer) und Transport zur Milchverarbeitung (Leitung ideal/ Kannen Gefahr der Kontamination)
- Die Milchverarbeitung – eigener Raum (Herstellung anderer Produkte bei zeitlicher Trennung und dokumentierter Reinigung und Desinfektion möglich)
- Die Verarbeitungsräume (ausreichend groß, damit Geräte gut zugänglich sind; Geräte und Produkte dürfen nicht am Boden abgestellt werden)
- Reinigungsbereich für Geräte (räumlich von der Produktion zu trennen, wenn nicht möglich, dann zeitliche Trennung)
- Käsereifung (eigener Reiferaum; bei Kleinproduktion auch Reifeschrank möglich)
- Toiletten (kein direkter Zugang zu Produktionsräumen)
- Einrichtung zur Reinigung der Hände (in der Nähe des Arbeitsplatzes, Wasserhahn nicht von Hand zu bedienen, Flüssigseife, Einweghandtücher, Desinfektionsmittel bei Bedarf)
- Belüftung (ausreichend natürliche oder künstliche Belüftung, aber keine künstlich erzeugten Luftströmungen aus kontaminierten Räumen, z. B. Stall oder WC)
- Beleuchtung (angemessen natürlich oder künstlich)
- Abwassersysteme (Vermeidung von Kontaminationen, leichtes Gefälle zum Gully – Vermeidung von Pfützenbildung)
- Umkleideraum (bei Personal), Umkleidemöglichkeit (bei Kleinbetrieben)
- Aufbewahrung der Arbeitskleidung inklusive Schuhe (sauberer Ort, damit Kontamination/ Verschmutzung ausgeschlossen ist)
- Wasserversorgung (Trinkwasser – gegeben bei Versorgung aus öffentlichem Netz; bei eigener Quelle, eigenem Brunnen jährlicher Befund erforderlich)

Anforderungen an Verarbeitungs-, Reife- und Lagerräume
- Die Räume müssen so konzipiert sein, dass Kontaminationen zwischen und während den Arbeitsgängen vermieden werden und eine gute Lebensmittelhygiene gewährleistet ist. Die Leitlinie enthält diesbezüglich eine Checkliste.
- Fußböden (einwandfreier Zustand, abriebfest, wasserundurchlässig, nicht toxisch, leicht zu reinigen und erforderlichenfalls zu desinfizieren)
- Abflüsse (abgedeckt und geruchssicher)
- Wände: einwandfreier Zustand, abriebfest, wasserundurchlässig, leicht zu reinigen und erforderlichenfalls zu desinfizieren, nicht toxisch, glatt bis zu einer Höhe, wo bei normalem Arbeitsablauf Verschmutzung zu erwarten ist
- Decken/Dachinnenseiten/Deckenstrukturen: müssen leicht sauber zu halten sein, achten auf Kondensation und Schimmelbefall, achten auf Ablösen von Materialteilchen
- Fenster/andere Öffnungen: leicht zu reinigen, sauber zu halten, Insektengitter, lackiertes oder imprägniertes Holz möglich
- Türen: leicht zu reinigen und zu desinfizieren, glatte, wasserabstoßende Oberfläche, lackiertes oder imprägniertes Holz möglich.
- Arbeitsflächen, Arbeitsgeräte und Transportbehälter: einwandfreier Zustand, leicht zu reinigen und zu desinfizieren sein, Material muss glatt, abriebfest, korrosionsfest, nicht toxisch, fugenlos sein
- Vorrichtungen zum Reinigen, Desinfizieren und Lagern von Arbeitsgeräten und Ausrüstungen: Material muss korrosionsfest, leicht zu reinigen und zu desinfizieren sein, Warm- und Kaltwasserzufuhr bestehen. Geeignete Vorrichtungen zur Reinigung sind Doppelabwäschen oder Geschirrspüler

Transport: Transportbehälter und/oder Container müssen
- Sauber
- Instand gehalten
- Leicht zu reinigen und zu desinfizieren sein

Einrichtung, Geräte, Gegenstände, Armaturen und Ausrüstungen
- Müssen so gebaut, beschaffen und instand gehalten sein, dass das Kontaminationsrisiko so gering wie möglich gehalten wird. Erforderlichenfalls Kontrollvorrichtungen zur Gewährleistung der hygienischen Sicherheit, manuelle Temperatur- und Zeitmessung möglich
- Eignung für Milchverarbeitung beachten

3.2.2 ALLGEMEINE HYGIENE

Reinigung und Desinfektion

Alle Arbeitsbereiche (Räume, Gegenstände, Armaturen, Ausrüstungen …) müssen gründlich gereinigt und erforderlichenfalls desinfiziert werden. Reinigung und Desinfektion müssen außerhalb der Produktionszeiten erfolgen. Nach der Anwendung chemischer Reinigungs- oder Desinfektionsmittel (ausgenommen z. B. auf Alkoholbasis) muss unbedingt gründlich mit Trinkwasser nachgespült werden. Die Reinigungsmittel müssen für die Reinigung bei der Milchverarbeitung geeignet und auf die Oberfläche abgestimmt sein. Zur Lösung des Fetts ist eine entsprechend hohe Reinigungstemperatur erforderlich. Zur Entfernung von Ablagerungen wie Milchstein oder Kalk ist eine regelmäßige saure Reinigung notwendig.

Prüfen Sie, ob für die verwendeten Reinigungs- und Desinfektionsmittel folgende Informationen vorliegen:
- Sicherheitsdatenblatt
- Gebrauchsanweisung (Konzentration, Temperatur, Einwirkzeit)

Reinigungs- und Desinfektionsmittel sind in einem eigens dafür vorgesehenen Bereich (Schrank oder eigener Raum) vorschriftsgemäß zu lagern.

Überprüfung des Reinigungserfolgs: Vor Beginn der Milchverarbeitung sind insbesondere folgende, für die Hygiene wichtigen Punkte optisch zu überprüfen:
- Die Sauberkeit der Verarbeitungsgefäße und -maschinen (kein Belag)
- Die Sauberkeit der Geräte und Hilfsmittel
- Die Sauberkeit von Ausläufen, Ventilen, Dichtungen
- Die Sauberkeit von Arbeitsflächen, Ablagen etc.

- Das Vorhandensein von Flüssigseife, Einweghandtüchern und WC-Papier
- Der einwandfreie Zustand von Maschinen und Geräten

Das Muster eines Reinigungs- und Desinfektionsplans finden Sie im Kapitel 5, Seite 78[5].
Die Pläne sind zu erstellen, mit Datum und Unterschrift zu versehen, 1-mal jährlich zu kontrollieren. Bei Wechsel der Reinigungs- bzw. Desinfektionsmittel sofort anpassen.

Vorschriften für Lebensmittel
- Rohstoffe, Zutaten, Zwischenerzeugnisse und Enderzeugnisse müssen entsprechend gelagert bzw., wenn erforderlich, auf 3 bis 9 °C gekühlt werden.
- Hilfsstoffe und Zusatzstoffe (Lab, Salz, Früchte) müssen hygienisch einwandfrei, ohne Fremdkörper und ohne Fremdstoffe sein (Produktspezifikationen bei Dokumentation ablegen).

Vorschriften für gesundheitsgefährdende und/oder ungenießbare Stoffe bzw. Abfälle
- Kennzeichnen und in separaten Behältnissen lagern

Schädlingsbekämpfung

Es sind Maßnahmen notwendig, die verhindern, dass Haustiere in Räume gelangen, wo Lebensmittel zubereitet, behandelt oder gelagert werden. Schädlingsbekämpfung ist für die Betriebshygiene äußerst wichtig. Notwendig sind geeignete Verfahren, die verhindern, dass Schädlinge in den Betrieb eindringen und sich ausbreiten können. Fenster (Insektengitter), Türen (automatische Türschließer, Türen müssen knapp über dem Boden schließen, damit keine Schädlinge eindringen können), Mauerdurchbrüche gut absichern, Bodenabflüsse mit Geruchsverschluss und Gitter versehen. Schädlingsbekämpfungsmaßnahmen müssen außerhalb der Produktionszeiten mit geeigneten Mitteln (Sicherheitstatenblatt und Gebrauchsanweisung) erfolgen.

Schädlingsbekämpfungsplan: Dieser ist zu führen und bei Kontrollen vorzulegen, das Muster eines Schädlingsbekämpfungs-Kontrollblatts finden Sie im Kapitel 5, Seite 79[6].

Ein Fallen- und Köderaufstellplan veranschaulicht die Aufstellorte und wird auch teilweise bei Kontrollen der Lebensmittelaufsicht verlangt.

Schulung: Hygieneschulung und Allergenschulung
Milchverarbeitende Personen müssen regelmäßig bezüglich ihrer Tätigkeit und der Lebensmittelhygiene unterwiesen und/oder geschult werden (Nachweis nicht älter als drei Jahre). Schulungsangebote der Landwirtschaftskammern/LFI nutzen. Auffrischungskurse können auch online absolviert werden: www.hygiene-schulung.at.

https://bit.ly/2FTL6XO

Die für die Anwendung der Leitlinie und der Eigenkontrolle verantwortlichen Personen sind angemessen zu schulen.

https://bit.ly/2VPhCUi

Allergenschulung: ist nur einmal bei mündlicher Information zu absolvieren – keine Auffrischung mehr erforderlich. Onlinekursangebot: https://bit.ly/2VPhCUi

3.2.3 GUTE HERSTELLUNGSPRAXIS

Hygienisches Arbeiten
Betriebsstätten müssen sauber und instand gehalten sein. Das Personal muss peinlichste Sauberkeit halten. Es ist helle und saubere Arbeitskleidung zu verwenden. Für die Bereiche der Milchverarbeitung und der Käsereifung (Schmierkeller) muss jeweils eine eigene Arbeitskleidung, inklusive Schuhe, zur Verfügung stehen. Stall-bzw. Straßenkleidung sowie Stall- und Straßenschuhe sind ungeeignet. Arbeitskleidung darf mit Straßenkleidung nicht in Berührung kommen. Die Kopfbedeckung muss das Haar vollständig bedecken.
Uhren und Schmuck an Armen und Händen sowie Ohrclips sind verboten.
Die Hände sind zu reinigen: vor Arbeitsbeginn, nach jeder Pause, nach jedem WC-Besuch und bei Bedarf. Essen, Trinken und Rauchen ist in Verarbeitungsräumen verboten.

Milch und Milchprodukte dürfen nicht angeniest oder angehustet werden. Fingernägel müssen sauber und kurz geschnitten sein.
Personen sind je nach ihrem Tätigkeitsbereich zu schulen und zu unterweisen, damit sie die hygienischen Anforderungen erfüllen können. Die Leitlinie zur Sicherung der gesundheitlichen Anforderungen an Personen beim Umgang mit Lebensmitteln ist einzuhalten. (Formular ist zu unterschreiben – Anhang I.)
Der Umgang mit Lebensmitteln und das Betreten von Bereichen, in denen mit Lebensmitteln umgegangen wird, ist für Personen verboten, wenn die Möglichkeit einer direkten oder indirekten Kontamination besteht, bei Krankheiten, die durch Lebensmittel übertragen werden können, oder wenn sie Träger einer solchen Krankheit sind (Personen mit infizierten Wunden, Hautinfektionen oder Verletzungen, Personen mit Durchfall).
Betroffene Personen haben dem Lebensmittelunternehmer Krankheiten und Symptome und, wenn möglich, deren Ursachen unverzüglich zu melden. Personen, die in der Verarbeitung tätig sind, müssen über die Personalbeschäftigungsverbote belehrt werden. Diese Belehrung ist zu dokumentieren und ersetzt nicht die vorgeschriebenen Hygieneschulungen. Hautverletzungen müssen durch einen wasserfesten, undurchlässigen Verband oder durch das Tragen von Einmalhandschuhen abgedeckt werden. Betriebsfremde Personen dürfen die Produktionsräume nur mit Zustimmung des Verantwortlichen betreten.

Kühlung
Abkühlung der Milch auf 6 °C oder weniger, wenn nicht innerhalb von zwei Stunden weiterverarbeitet wird. Die Kühlkette darf nicht unterbrochen werden. Ausnahme: Hart- und Schnittkäse zum Verkauf.

Herstellungsabläufe und Produktblätter
Für jedes Produkt muss ein Herstellungsablauf erstellt werden. Hier werden wichtige Punkte für die Hygiene festgehalten – besonders wichtig ist die Beherrschung der kritischen Kontrollpunkte, Anforderungen, Prüf- und Überwachungsverfahren sowie Maßnahmen bei Abweichungen. Der Herstellungsablauf ist mit Datum und Unterschrift zu versehen. Muster sind in der Leitlinie enthalten.

PRODUKTION

Herstellung von Sauerrahmbutter aus rohem Rahm

- 💣* Rohmilchkeime und ihre Vermehrung während der Lagerung des Rahms sind ein Hygienerisiko
- 💣* Hygienerisiko: Übertragung von Schadkeimen aus der Luft, den Geräten oder der Kultur
- → Hemmung der Vermehrung der Rohmilchkeime durch eine rasche Säuerung

Wichtige Punkte für die Hygiene	Anforderung	Prüf- und Überwachungsverfahren	Maßnahmen bei Abweichungen
Lagerung der Rohmilch	Gekühlt, maximal 15 Stunden	Kontrolle von Temperatur und Zeit	Weiterverarbeitung zu einem Produkt aus erhitztem Rahm
Lagerung des Rahms	Gekühlt, maximal 15 Stunden	Kontrolle von Temperatur und Zeit	Weiterverarbeitung zu einem Produkt aus erhitztem Rahm
Säuerungskultur	Verwendung einer Säuerungskultur keine Selbstsäuerung!	Alter der Kultur; Geschmacksprüfung (bei Flüssigkulturen)	Geeignete Kultur verwenden
💣* Säuerung: kritischer Kontrollpunkt Rahm nach Säuerung – Unterdrückung von Schadkeimen durch die Säuerung	Rahms: rein, sauer Alter der Kultur; Geschmacksprüfung (bei Flüssigkulturen) pH-Wert <5,0	Geschmacksprüfung oder pH-Wert	Verfütterung des Rahms oder Entsorgung
Vermehrung von Schadkeimen während der Lagerung	Kühllagerung bei maximal +9 °C	Temperaturkontrolle	kein Verkauf
Qualität der Butter	Keine deutlich erkennbaren Fehler	Sensorische Kontrolle	kein Verkauf
Datum		Unterschrift Verantwortlicher:	

Tabelle 3.1: Herstellung von Sauerrahmbutter aus rohem Rahm.
(Quelle: Leitlinie für bäuerliche Milchverarbeitungsbetriebe, https://bit.ly/2Nz50xD)[7]

EIGENKONTROLLE

Milchverarbeiter sind Lebensmittelunternehmer und damit selbst verantwortlich für die Einhaltung der gesetzlichen Vorschriften. Sie müssen nach den Prinzipien der Guten Herstellungs- und Hygienepraxis (GHP) arbeiten, als Voraussetzung für eine hygienische Produktion. Wesentliche Elemente der GHP sind die Wareneingangskontrolle, die Anlagenkontrolle, die Personalschulung und die Ermittlung und Beherrschung von Gefahren, die von Milchprodukten ausgehen können. Gesundheitsgefährdungen können bei bäuerlichen Milchprodukten durch krankheitserregende Keime, durch Fremdstoffe (Chemikalien) oder Fremdkörper, wie Steine, Splitter, Kerne, Haare, verursacht werden.

Dokumentation und Aufzeichnungen

Dokumentation und Aufzeichnungen sollen an Art und Umfang des Unternehmens angepasst werden. Sie sind eine Unterstützung bei der Umsetzung der Eigenkontrolle.

PRODUKTION

- **Verpflichtende Dokumentation:** Betriebs- und Produktionsdaten; Befund über die Trinkwasserqualität, wenn die Wasserversorgung aus eigenem Brunnen oder eigener Quelle erfolgt; Produktblätter mit den kritischen Kontrollpunkten; Fehlerprotokoll: Abweichungen von den Vorgaben der Produktblätter werden protokolliert (Datum, Produkt, Fehler, Maßnahme); Checklisten für Räume sowie Reinigung und Desinfektionsplan; Schädlingsbekämpfungsplan; Schulungsnachweise: Hygieneschulungen, Ergebnisse der verpflichtenden Produktuntersuchungen; Laborvereinbarung bzgl. Weiterleitung von Isolaten.
- **Empfohlene Dokumentation:** laufende Aufzeichnungen im Rahmen der Eigenkontrolle; Laborergebnisse (Ergebnisse der Rohmilchuntersuchung und von Produktuntersuchungen; Produktbeschreibungen).

Produktuntersuchungen

Die Wirksamkeit der Eigenkontrollen und des Hygienekonzepts des Betriebs ist durch Produktuntersuchungen nachzuweisen. Das hygienische Risiko der Produkte ist zu berücksichtigen. In der Leitlinie sind die Untersuchungshäufigkeit und die Untersuchungskriterien festgelegt. Es sind dies Kriterien der Lebensmittelsicherheit *(Listeria monocytogenes* und Salmonellen*)* und der Prozesshygiene (Staphylokokken, *Escherichia coli,* Enterobacteriaceae und Coliforme). Im Rahmen der Prozesshygiene wird bei einigen Produkten die Untersuchung auf Hefen empfohlen. Ein Probenplan, idealerweise in Zusammenarbeit mit einem Labor, ist zu erstellen. Die Häufigkeit der Produktuntersuchung ist zusätzlich zum Hygienerisiko auch von der jährlichen Milchverarbeitungsmenge abhängig (bis 20.000 kg und über 20.000 kg).

	Verpflichtende Untersuchungen						Empfohlene Untersuchungen
	Lebensmittelsicherheit		Prozesshygiene				
Produkt (Reihung nach Risiko in absteigender Reihenfolge)	L. m.	S. spp.	Staph.	E. coli	Entb.	Colif.	Hefen
Weichkäse aus Rohmilch	•	•	•	•			
Schnittkäse mit Oberflächenreifung – Rotschmiere oder Schimmel – aus Rohmilch	•	•	•	•			
Innenschimmelkäse aus Rohmilch	•	•	•	•			
Lab-Säuretopfen aus Rohmilch	•	•	•	•			•
Sauerrahmbuttermilch aus Rohrahm	•					•	•
Sauerrahmbutter aus Rohrahm	•	•		•			•

PRODUKTION

	Verpflichtende Untersuchungen				Empfohlene Untersuchungen
	Lebensmittelsicherheit		Prozesshygiene		
Sauermilchkäse aus Rohmilch	•	•	•	•	
Labtopfen ohne Säuerung aus thermisierter Milch	•	•	•	•	•

Tabelle 3.2: Untersuchungskriterien nach Produktrisiko. (Ausschnitt. Quelle: Leitlinie für bäuerliche Milchverarbeitungsbetriebe, https://bit.ly/2Nz50xD)[8]

MILCHAUSGABEAUTOMATEN: In der Leitlinie sind auch die Anforderungen an Milchausgabeautomaten geregelt.

ANHANG I (GESUNDHEITLICHE ANFORDERUNGEN) ist ein Auszug der Leitlinie zur Sicherung der gesundheitlichen Anforderungen an Personen beim Umgang mit Lebensmitteln. Der Mitarbeiter ist diesbezüglich zu belehren. Eine Kopie dieser Belehrung inklusive der Leitlinie zur Sicherung der gesundheitlichen Anforderung an Personen im Umgang mit Lebensmittel ergeht an die Arbeitnehmerin/den Arbeitnehmer.

ANHANG II: Checkliste für Prozesse und Tätigkeiten bei Käse mit Oberflächenreifung.

ANHANG III: Regelung zur Eintragung oder Zulassung von bäuerlichen Milchverarbeitungsbetrieben: Landwirte sind Direktvermarkter, wenn sie ihre Primärprodukte oder Verarbeitungserzeugnisse im eigenen Namen, auf eigene Rechnung und auf eigene Verantwortung direkt an den Endverbraucher, an Wiederverkäufer, Gemeinschaftsversorger oder an die Gastronomie abgeben. Landwirte gelten automatisch als eingetragen (registriert), wenn sie über eine LFBIS-Nummer verfügen. Wenn Direktvermarkter spezielle Produkte herstellen oder Erzeugnisse an Unternehmen abgeben, die den Status eines Einzelhandelsunternehmens überschreiten, gilt für sie Zulassungspflicht. Zulassungspflicht besteht bei: Herstellung von wärmebehandelter (pasteurisierter) Trinkmilch, nicht fermentierte Flüssigmilcherzeugnisse (z. B. Kakao-, Vanille-, Erdbeermilch), Herstellung von Speiseeis aus Rohmilch, Abgabe von Milcherzeugnissen an den Großhandel, Vermarktung nicht auf lokaler Ebene (z. B. Belieferung eines Spezialitätengeschäfts in München), Zukauf von Rohmilch von Tieren nicht eigener Haltung zur Verarbeitung.

Der Antrag auf Zulassung muss zumindest folgende Angaben enthalten:

1. Allgemeine Informationen: a) Name und Adresse des Unternehmens/Betriebs; b) Angaben über den Unternehmer oder die Unternehmer oder die zur Vertretung nach außen befugte Person oder die zur Vertretung nach außen befugten Personen (Name, Geschlecht, Geburtsdatum, Funktion im Unternehmen).

2. Betriebsverantwortlichkeit: a) Angaben zu der Person oder den Personen, die für Produktion, Be-, Verarbeitung und Lagerung verantwortlich ist oder sind (Name, Geschlecht, Geburtsdatum); b) Angaben zum verantwortlichen Beauftragten (Name, Geschlecht, Geburtsdatum).

3. Betriebsart und Zeitpunkt der beabsichtigten Aufnahme der Tätigkeit.

4. Plan (Skizze) über die Lage der Produktions-, Bearbeitungs-, Verarbeitungs- und Lagerräume mit Position der Maschinen und Geräte, woraus der Produktfluss und die Personalbewegung ersichtlich sind.

5. Auflistung der Maschinen und Geräte entsprechend des Produktionsflusses.

6. Angaben über die Produktions-, Bearbeitungs-, Verarbeitungs-, Lagerungsbedingungen, Gefahrenanalyse und Darstellung der kritischen Kontrollpunkte (HACCP, s. Kapitel V. Gute Herstellungspraxis 3. Herstellungsabläufe, Produktblätter).

7. Angaben zur Wasserversorgung mit Hinweis, ob Anschluss an die öffentliche Wasserversorgung oder Eigenversorgung, unter Beilage des letzten Untersuchungsbefundes.
8. Reinigungs- und Desinfektionsplan (siehe Kapitel IV. Allgemeine Hygiene 1. Reinigung und Desinfektion).
9. Schädlingsbekämpfungsplan (siehe Kapitel IV. Allgemeine Hygiene, 4. Schädlingsbekämpfung).
10. Darstellung der innerbetrieblichen Hygienemaßnahmen inklusive Personalhygienemaßnahmen (siehe Kapitel V. Gute Herstellungspraxis, 1. Hygienisches Arbeiten).
11. Angaben über das Aus- und Fortbildungssystem für das mit Produktion, Be-, Verarbeitung und Lagerung befasste Personal (siehe Kapitel IV. Allgemeine Hygiene, 5. Schulung).
12. Angaben über den Verkehr mit in der Verordnung (EG) Nr. 853/2004idgF genannten Erzeugnissen zwischen Österreich und anderen Mitglieds- oder Vertragsstaaten der EU- oder EWR-Staaten[9].

Alle Hygieneleitlinien stehen auf der Homepage des BMASGK zur Verfügung:

https://bit.ly/302Vrct

Was beim Aufbau des gesetzlich verpflichtenden Eigenkontrollsystems für den Direktvermarkter/Lebensmittelunternehmer zu beachten ist, wird auch im Kapitel Qualitätssicherung/Aufbau eines Eigenkontrollsystems erläutert.

3.3 Lebensmittelcodex[10]

Im Österreichischen Lebensmittelcodex (Lebensmittelbuch – Codex Alimentarius Austriacus) sind Sachbezeichnungen, Begriffsbestimmungen und Untersuchungsmethoden für eine Reihe von Produkten definiert, wodurch die Verbrauchererwartungen dargestellt werden. Produzenten müssen sich bei Produkten, die im Codex beschrieben sind, an die Produktbezeichnungen und Rezepturen halten. Spezialitäten können nach eigenen oder traditionellen Rezepten hergestellt werden, wenn diese nicht im Widerspruch zum Codex stehen. Der Codex hat die Bedeutung eines „objektiven Sachverständigengutachtens", das die Gutachter der Untersuchungsanstalten zur Beurteilung von Produkten heranziehen. Die Ausarbeitung und Weiterentwicklung des Lebensmittelbuchs erfolgt getrennt nach Sparten durch die Codexkommissionen. Veröffentlicht werden die einzelnen Codexkapitel vom Bundesministerium für Arbeit, Soziales, Gesundheit und Konsumentenschutz[11].

https://bit.ly/2H69UeY

Wichtige Kapitel für die Direktvermarktung sind:

B 5 Konfitüren und andere Obsterzeugnisse; B 6 Sirupe; B 7 Fruchtsäfte und Gemüsesäfte; B 14 Fleisch und Fleischerzeugnisse; B 19 Teigwaren; B 23 Spirituosen; B 28 Kräuter und Gewürze; B 31 Tee und teeähnliche Erzeugnisse; B 32 Milch und Milchprodukte[12].

Eine sehr gute Darstellung der einzelnen Codexkapitel gibt es auch auf
www.lebensmittelbuch.at.

www.lebensmittelbuch.at

3.3.1 Auszug aus dem Codexkapitel B 32 Milch und Milchprodukte: Konsummilch und Rahm[13]

Dieser Abschnitt ist für das Produkt „pasteurisierte Vollmilch" beim angeführten Praxisbeispiel „Heumilchbetrieb Madl" relevant. (siehe Screenshot „Österreichisches Lebensmittelbuch, Codexkapitel B32, nächste Seite)

1 KONSUMMILCH UND RAHM

1.1 Beschreibung

1.1.1 Definition von Milch

Milch ist das durchmischte, unveränderte Gesamtgemelk einer oder mehrerer Milchtiere. Unter Milch ohne Artenbezeichnung wird Kuhmilch verstanden, die Milch anderer Tierarten wird entsprechend der jeweiligen Tierart bezeichnet (z. B. Schafmilch, Ziegenmilch, Büffelmilch). Die Rohmilch entspricht zumindest den lebensmittelrechtlichen Bestimmungen, insbesondere der Verordnung (EG) Nr. 853/2004 idgF.

PRODUKTION

1.1.2 Milchgewinnung, -lagerung und -transport

Die Milchgewinnung, die Milchlagerung und ein allfälliger Transport erfolgen entsprechend der Verordnung (EG) Nr. 853/2004 idgF.

1.1.3 Rohe Konsummilch

Rohe Konsummilch ist Rohmilch zum unmittelbaren Verzehr, die nicht über 40 °C erhitzt und keiner Behandlung mit entsprechender Wirkung unterzogen wird. Rohmilch darf nur am Tag der Gewinnung und an den zwei darauffolgenden Tagen abgegeben werden. Rohmilch zum unmittelbaren menschlichen Verzehr ist mit dem Hinweis „Rohmilch, vor dem Verzehr abkochen" zu versehen. Sie entspricht den Anforderungen der Verordnung (EG) Nr. 853/2004, der Rohmilchverordnung BGBl.II 106/2006 und der Direktvermarktungsverordnung BGBl.II 108/2006 idgF. Rohe Konsummilch schmeckt produkttypisch. Der Fettgehalt wird nicht verändert.

1.1.4 Konsummilch: wärmebehandelte Konsummilch

Konsummilch wird aus Rohmilch, deren Fettgehalt allenfalls verändert wurde, hergestellt. Die Fetteinstellung durch Entrahmung oder Zumischung von Magermilch ist üblich, Buttermilch wird zur Fetteinstellung nicht verwendet. Die Pasteurisierung kann in einem Behälter mit Rührwerk oder im Durchfluss erfolgen. Der Fettgehalt entspricht der Deklaration und der Verordnung (EG) Nr. 1234/2007 Anhang XIII idgF.

Österreichisches Lebensmittelbuch /online

Codexkapitel B 32 - Milch und Milchprodukte

IV. Auflage

| Über uns | Aufgaben | FAQ | Newsletter | Kontakt | Impressum |

🖨 drucken ✉ Link senden

Wählen Sie ein Codex-Kapitel

A Neueinteilung
A 1 Judikatur bei Waren nach dem Lebensmittelsicherheits- und Verbraucherschutzgesetz (LMSVG)
A2 Hygiene Leitlinie Schankanlagen
A 3 Allgemeine Beurteilungsgrundsätze
A 4 Aromen, Enzyme, Zusatzstoffe
A 5 Kennzeichnung, Aufmachung
A 8 Landwirtschaftliche Produkte aus biologischem Landbau und daraus hergestellte Folgeprodukte
B 1 Trinkwasser
B 2 Speiseeis
B 3 Honig
B 4 Obst
B 5 Konfitüre und andere Obsterzeugnisse
B 6 Sirupe
B 7 Fruchtsäfte, Gemüsesäfte
B 8 Essig; Balsamessige; Salatwürzen, Saure Würzen; Essigessenz; Saucen, Cremen, Zubereitungen auf Essigbasis; andere essigähnliche Würzmittel
B 9 Backhefe, Sauerteig, Backpulver, Triebmittel

Home » B 32 Milch und Milchprodukte

Milch und Milchprodukte

Veröffentlichung:
BMG-75210/0010-II/B/13/2011 vom 18.8.2011
Änderungen, Ergänzungen:
BMG-75210/0008-II/B/13/2012 vom 24.7.2012
BMG-75210/0016-II/B/13/2013 vom 2.8.2013
BMG-75210/0011-II/B/13/2015 vom 4.2.2015
BMG-75210/0028-II/B/13/2015 vom 26.8.2015
BMG-75210/0041-II/B/13/2015 vom 27.1.2016
BMGF-75210/0014-II/B/13/2017 vom 26.7.2017
BMGF-75210/0024-II/B/13/2017 vom 21.12.2017
BMASGK-75210/0007-IX/B/13/2018 vom 17.07.2018

Inhalt der Subseiten

1. Konsummilch und Rahm
2. Butter, Buttererzeugnisse und zusammengesetzte Erzeugnisse mit Butter
3 Käse
4. Topfencremen
5. Milchmischerzeugnisse
6. Fermentierte Milcherzeugnisse
7. Flüssige Molkeerzeugnisse
8. Dauermilchprodukte
9. Leitlinien für die Bezeichnung "light" oder "leicht" für Milch und Milchprodukte
Anhang: Anlage
11. Information des BMG

PRODUKTION

Einteilung nach der angewandten Wärmebehandlung:

Bezeichnung	Wärmebehandlung	Zeit/Temperatur
Pasteurisiert	Dauerpasteurisation	30 Minuten bei mindestens 63 °C b)
Pasteurisiert	Kurzzeiterhitzung	15 Sekunden bei mindestens 72 °C b)
Hocherhitzt	Hocherhitzung	Einige Sekunden bei mindestens 85 °C b)
Ultrahocherhitzt a)	Ultrahocherhitzung	Mindestens 135 °C c)

a) Auch Haltbarmilch oder H-Milch
b) Oder einer Zeit-Temperatur-Kombination mit gleicher Wirkung
c) Mikrobiologisch stabil

Das gesamte Codexkapitel B 32 finden Sie auf https://bit.ly/2PQBS2x[14]

https://bit.ly/2PQBS2x

3.4 Verpackung – Produktkennzeichnung

Grundsätzlich ist bei der Verpackung von Lebensmitteln vorab zu beurteilen, ob es aus Sicht hygienischer Erfordernisse oder auch aufgrund des Vertriebswegs einer Verpackung bedarf. Gerade beim Einkauf direkt am Hof oder am Bauernmarkt kann „Verpackung" eingespart werden. Konsumenten erwarten gerade vom Direktvermarkter einen „ressourcenschonenden und nachhaltigen" Umgang. Verpackung ist nicht generell „schlecht", erfüllt sie doch auch eine Vielzahl an essentiellen Aufgaben. Dazu zählen Schutz-, Lager- und Transportfunktion. Besondere Bedeutung kommt der Verpackung als „Kommunikationsmittel" mit dem Kunden zu. Verpa-

Nassfeste Tragtasche von www.etivera.at

ckung kann global gesehen auch zur Nachhaltigkeit beitragen, wenn man den Aspekt des Lebensmittelverderbs oder Lebensmittelverlustes betrachtet. Mittlerweile trägt die Nachhaltigkeit einer Verpackung wesentlich zur Kaufentscheidung bei und ist auch im Handel zentrales Thema. Nicht jede, auf den ersten Blick „nachhaltige" Verpackung erweist sich bei genauer Analyse tatsächlich als nachhaltig!

Wenn nun verpackt werden muss, ist die Auswahl der optimalen Verpackung, gerade auch im Hinblick auf Nachhaltigkeit, eine besondere Herausforderung für den Direktvermarkter. Die Anforderungen an die Verpackungsindustrie sind in Hinblick auf die Entwicklung nachhaltiger Verpackung groß. Lösungen sind daher auf allen Ebenen, vom Handel des Einzelnen bis hin zur Gesellschaft, erforderlich.

Pfand-Flasche bei Landspeis.com

Hier kommt speziell der Wiederverwendbarkeit (Recycling – Kompostierbarkeit) besondere Bedeutung zu. Wissen um die fachgerechte „Entsorgung" gehört daher auch dazu.

Muss nun ein Lebensmittel verpackt werden, ist auf die fachgerechte Kennzeichnung der „verpackten Ware" im Gegensatz zur „losen Ware" zu achten.

3.4.1 Kennzeichnung[15]

Das Kennzeichnungsrecht ist durch die Verordnung (EU) Nr. 1169/2011 betreffend die Information der Verbraucher (kurz LMIV) geregelt. Die Kennzeichnungspflicht gilt im Allgemeinen für verpackte Lebensmittel. Lebensmittel, die auf Wunsch des Verbrauchers am Verkaufsort verpackt oder im Hinblick auf ihren unmittelbaren Verkauf vorverpackt werden, müssen im Allgemeinen nicht gekennzeichnet werden (Ausnahme Allergenkennzeichnung). Das Etikett steht stellvertretend für den Erzeuger, sodass der Konsument dadurch alle wichtigen Informationen über das Produkt erhält und vor Täuschung geschützt wird. Die Kennzeichnung muss direkt auf der Verpackung oder auf einem mit der Verpackung verbundenen Etikett angebracht sein. Sie muss gut sichtbar, gut lesbar, gegebenenfalls dauerhaft (unverwischbar) und leicht verständlich sein. Eine Mindestschriftgröße von 1,2 mm ist einzuhalten – gemessen an der Höhe von Kleinbuchstaben (bei Produkten mit einer Oberfläche von weniger als 80 cm² reichen 0,9 mm Schriftgröße).

Kennzeichnungselemente

Bezeichnung des Lebensmittels, Verzeichnis der Zutaten (Zutatenklassen, Mengen der Zutaten (QUID-Regelung), Name und Anschrift des Lebensmittelunternehmers, Nettofüllmenge, Mindesthaltbarkeitsdatum (MHD) oder Verbrauchsdatum, Temperatur und Lagerbedingungen (in unmittelbarer Nähe des MHD), Los- und Chargennummer, Verwendungshinweis (Gebrauchsanleitung, falls erforderlich), Alkoholgehalt (bei Getränken), Angabe über Verpackung mit Schutzgas, Nährwertkennzeichnung (mit Ausnahmen für Direktvermarktung). Sichtfeldregelung: Die Bezeichnung des Lebensmittels, die Nettofüllmenge oder Stückzahl sowie allenfalls der Alkoholgehalt sind im gleichen Sichtfeld anzugeben (d. h. auf einen Blick erfassbar). Das gilt nicht für Kleinstmengen und zur Wiederverwendung bestimmte Glasflaschen, auf denen eine dieser Angaben dauerhaft angebracht ist.

3.4.2 Allergeninformation

Gemäß LMIV sind „Allergene" zu kennzeichnen. Allergene sind Stoffe, die geeignet sind, Allergien oder Unverträglichkeiten auszulösen und im Anhang II der Verordnung angeführt sind. Bei verpackten Waren sind die Allergene in der Zutatenliste hervorzuheben, z. B. durch fette Schrift oder farblich hinterlegt. Die Informationspflicht besteht seit Ende 2014, bei offen angebotenen Waren kann diese schriftlich oder mündlich erfolgen. Die schriftliche Allergeninformation kann beispielsweise in der Speisekarte oder bei den Produkten in der Theke gegeben werden. Die Verwendung von Codes, Abkürzungen oder Kurzbezeichnungen ist möglich, wenn diese in unmittelbarer Nähe erklärt werden. Wird die Allergeninformation mündlich gegeben, muss der Lebensmittelunternehmer festlegen, wer das in seinem Unternehmen tut. Es ist an gut sichtbarer Stelle auf die mündliche Information hinzuweisen, und jene Person, die die Information erteilt, muss diesbezüglich geschult sein. Die verpflichtende Allergenschulung kann auch online absolviert werden auf: www.allergene-schulung.at.

3.4.3 Bio-Kennzeichnung

Auf allen verpackten Bio-Lebensmitteln ist das EU-Bio-Logo anzubringen. Darunter müssen die Herkunftsbezeichnung („aus österreichischer Landwirtschaft", „aus EU-Landwirtschaft", „aus Nicht-EU-Landwirtschaft") und der Bio-Kontrollstellencode angeführt werden.

Bio-Sichtfeldregelung: Die Herkunftskennzeichnung und der Bio-Kontrollstellencode müssen sich im selben Sichtfeld befinden wie das EU-Bio-Logo. Informationen zur Kennzeichnung allgemein und Bio-Kennzeichnung im Besonderen geben die Beratungskräfte der Landwirtschaftskammern bzw. ist ein Beratungsblatt zur Bio-Kennzeichnung unter www.bio-austria.at/kennzeichnung oder für Gutes vom Bauernhofbetrieb unter www.gutesvombauernhof.at abrufbar.

PRODUKTION

3.4.4 Musteretiketten

Für alle wichtigen Produktsparten gibt es Musteretiketten (ausgearbeitet von der LK Österreich und dem LFI Österreich), die von der österreichischen Agentur für Gesundheit und Ernährungssicherheit (AGES) begutachtet wurden. Die Musteretiketten dienen als Vorlage für die gesetzlich vorgeschriebenen Kennzeichnungselemente. Je nach Rezept und Zubereitung müssen Sachbezeichnung, Zutatenliste oder Mindesthaltbarkeitsdatum sowie die betriebsrelevanten Daten angepasst werden. Die grafische Gestaltung ist individuell vorzunehmen. Die Musteretiketten sind in den Landwirtschaftskammern erhältlich und stehen unter www.gutesvombauernhof.at zur Verfügung.

Kennzeichnungsfehler zählen zu den häufigsten Beanstandungsgründen bei Direktvermarktungsprodukten. Eine fehlerhafte Kennzeichnung kann teuer werden, weil Untersuchungskosten und Strafe anfallen können.

Musteretikett für Fleisch[17]

3.4.5 Küchenhinweis

Bei leicht verderblichen Lebensmitteln (die nicht zum Rohverzehr bestimmt sind), wie frisches Fleisch, Faschiertes, Surfleisch, Fleischzubereitungen, Bratwürste, Geflügelfleisch, Eier oder Fisch, sind am Etikett folgende Hinweise (als Logo oder in Worten) anzubringen:

Küchenhygiene ist wichtig: Kühlkette einhalten, getrennt von anderen Produkten lagern, sauber arbeiten, durcherhitzen. Bei Verkauf von offenen Produkten ist der Aushang eines Posters oder das Auflegen von Info-Foldern zur Küchenhygiene erforderlich[16].

3.5 Produktlagerung

In der Lebensmittelproduktion kommt der Lagerung der eigenen Rohstoffe, der zugekauften Rohstoffe bzw. Zutaten und den produzierten Lebensmitteln selbst, bis hin zum Verkauf, besondere Bedeutung zu. Die Einhaltung der Temperatur- und Lagerbedingungen sind nicht nur für den Konsumenten wichtige Hinweise, sondern müssen auch vom Produzenten/Direktvermarkter zur Sicherung der Lebensmittelqualität eingehalten und kontrolliert werden. Richtige Lagerung und damit die Vermeidung von vorzeitigem Verderb trägt auch zur „Nachhaltigkeit" bei.

Die dafür vorgesehenen Lagerräume/Kühlräume und Behälter müssen daher den Schutz vor gegenseitiger nachteiliger Beeinflussung gewährleisten. Die verwendeten Behältnisse für Lebensmittel müssen lebensmitteltauglich (Konformitätserklärung bei Kauf einfordern) sein.

Ist eine produktbezogene „Kühlung" erforderlich, ist diese, speziell bei Milch, Fisch, Fleisch und deren Produkte, zu gewährleisten. Ordnungsgemäße Lagerung entlang der gesamten Produktionskette verhindert „Schwund" und hilft damit auch Kosten zu sparen und die Umwelt zu schonen.

PRODUKTION

Minimum-Maximum-Thermometer.

Temperaturbereiche sind wie folgt definiert:
- Raumtemperatur: über 15 °C bis ca. 25 °C
- Gekühlt: über 0 °C bis 9 °C (Milch max. 6 °C)
- Tiefgekühlt: −18 °C oder kälter, Toleranz bis −15 °C
- Kühl: Dieser Temperaturbereich (+9 bis +18 °C) wird nicht mehr verwendet!

Im Lebensmittelbuch Kapitel A 5 „Kennzeichnung – Aufmachung"[18] gibt es diesbezügliche folgende Vorschriften:

Aufbewahrung (Lagerung) und/oder Verwendung
Die Einhaltung der Lagerbedingungen ist für die Sicherstellung der Haltbarkeit bei Lebensmitteln entscheidend. Hinsichtlich der Temperatur können grundsätzlich drei Temperaturbereiche unterschieden werden, die sowohl in den Verkaufslokalen der Einzelhandelsgeschäfte als auch bei den Verbrauchern vorliegen und eingehalten werden können.

Das sind:
1. der Bereich der Tiefkühllagerung,
2. der Bereich der gekühlten Lagerung und
3. die Raumtemperatur.

Der Tiefkühlbereich entspricht definitionsgemäß einem Temperaturbereich unter −18 °C und wird in der Kennzeichnung durchwegs mit der genauen Angabe der Lagertemperatur und dem Hinweis „tiefgekühlt" oder „tiefgefroren" deklariert.

Der Bereich der „gekühlten" Lagerung bedeutet Lagerung im Kühlschrank bzw. in Kühlgeräten und umfasst den Temperaturbereich von 0 bis 9 °C (mit Toleranz bis 10 °C). Die Angabe „gekühlte" Lagerung bedeutet, dass das Lebensmittel bei diesem Temperaturbereich bis zum Ende der Mindesthaltbarkeitsfrist ohne Qualitätsverlust gelagert werden kann. Die Angabe kann durch eine konkrete Temperaturangabe ergänzt werden, z. B. bei Fisch (0 bis +2 °C), Fleisch (+2 bis +4 °C), Milch und Milcherzeugnissen (+6 bis +8 °C) oder bei Fleischerzeugnissen (meist +4 bis +6 °C). In Einzelfällen ist die Lagertemperatur durch konkrete, rechtlich verbindliche Vorgaben geregelt (z. B. Faschiertes +2 °C bzw. +4 °C, wenn nur für den innerösterreichischen Verkehr bestimmt) oder Fisch (Temperatur des schmelzenden Eises).

Die Lagerung bei Raumtemperatur bedeutet die Lagerung unter den üblichen Bedingungen der Temperatur, Luftfeuchtigkeit und Lichtverhältnisse, d. h. bei Bedingungen, die den in unseren Breiten vorherrschenden klimatischen Bedingungen entsprechen, vorausgesetzt, die Produktqualität wird nicht nachteilig beeinflusst. Die früher noch gebräuchliche Angabe „kühl lagern" entsprach einem Temperaturbereich von +9 bis +18 °C. Für diesen Temperaturbereich sind keine Kühleinrichtungen üblich und können auch nicht lückenlos, weder im Handel noch bei den Konsumenten, sichergestellt werden. Lebensmittel, die traditionell für diesen Bereich vorgesehen sind, sollten den bereits oben definierten Bereichen zugeordnet werden, d. h. entweder bei Temperaturen bis +9 °C oder bei Raumtemperatur lagern. Insbesondere die Lagerung bei Raumtemperatur ist bei einer Reihe von Lebensmitteln, die früher dem Bereich „kühle Lagerung" zugeordnet waren, infolge von technologischen Verbesserungen in der Herstellungstechnologie durchaus anwendbar.

CHECKLISTE Kühlraum

Ein und derselbe Kühlraum kann für die **gemeinsame** Lagerung von Lebensmitteln genutzt werden, wenn diese getrennt voneinander gelagert werden. Werden z. B. Fleisch und Fleischerzeugnisse gemeinsam gelagert, sind diese durch Umhüllung oder Verpackung zu schützen.

Größe: ausreichend (keine Kontamination durch übereinander gelagerte Produkte)
- erfüllt
- Abweichung: .... behoben am: ....

Fußböden aus abriebfestem, wasserundurchlässigem, leicht zu reinigendem und zu desinfizierendem Material. Wasser muss leicht ablaufen (ausreichendes Gefälle!).
- erfüllt
- Abweichung: .... behoben am: ....

Wände müssen in einwandfreiem Zustand sein. Das verwendete Material muss abriebfest, wasserundurchlässig, leicht zu reinigen und zu desinfizieren, sowie nicht toxisch sein. Das Material muss glatt sein bis zu einer Höhe, wo bei normalem Arbeitsablauf eine Verschmutzung zu erwarten ist.
- erfüllt
- Abweichung: .... behoben am: ....

Decken müssen (leicht) sauber zu halten sein. Schmutzansammlungen, Kondensation, unerwünschter Schimmelbefall, das Ablösen von Materialteilchen müssen auf ein Mindestmaß beschränkt sein.
- erfüllt
- Abweichung: .... behoben am: ....

Türen müssen leicht zu reinigen und erforderlichenfalls zu desinfizieren sein. Die Oberfläche muss glatt und Wasser abstoßend sein. Holz soll vermieden werden. Türen können aus Holz sein, wenn die Oberfläche unbeschädigt, glatt und sauber ist (z. B. lackiert oder imprägniert).
- erfüllt
- Abweichung: .... behoben am: ....

Beleuchtung: ausreichend (100 LUX)
- erfüllt
- Abweichung: .... behoben am: ....

Kühlanlage: muss so dimensioniert sein, dass eine kontinuierliche Temperaturabsenkung und nach der Abkühlung eine entsprechende produktspezifische Temperatur gewährleistet ist.
- erfüllt
- Abweichung: .... behoben am: ....

Tiefkühlanlage: muss so dimensioniert sein, dass für Lebensmittel, die als „tiefgekühlt", „tiefgefroren", „TK-Kost"(=Tiefkühl-Kost) bzw. „gefrostet" bezeichnet sind, ein Halten der Temperatur von −18 °C oder tiefer gewährleistet ist.
- erfüllt
- Abweichung: .... behoben am: ....

Temperaturüberwachung: Minium/Maximum-Thermometer oder Fernregistrierthermometer muss im Kühl- bzw. im Tiefkühlraum vorhanden sein. Abweichungen während des Betriebes von der maximal zulässigen Temperatur (ausgenommen vordefinierte kurzfristige Abtauphase) und die gesetzten Maßnahmen sind aufzuzeichnen.
- erfüllt
- Abweichung: .... behoben am: ....

➤ Ablesen der Temperatur an jedem Arbeitstag[19]

Weitere physikalische Einflüsse, die die Lagerfähigkeit beeinflussen, sind die Luftfeuchtigkeit, der Lichteinfluss sowie – bei Lagerung bei Raumtemperatur – die übermäßige Hitzeeinwirkung. Die üblichen Angaben in der Kennzeichnung von Lebensmitteln für diese Bedingungen sind z. B.:

- „Vor Wärme schützen": Die Ware verträgt grundsätzlich eine höhere Temperatur als Raumtemperatur, darf nicht in unmittelbarer Nähe einer Wärmequelle (z. B. Ofen, Radiator) gelagert werden.
- „Trocken lagern": Lagerung an einem trockenen Ort, bei einer maximalen relativen Luftfeuchtigkeit bis 70 %.
- „Lichtgeschützt lagern": vor direktem Lichteinfall geschützt.
- „Vor Hitzeeinwirkung schützen", „vor direktem Sonnenlicht schützen" etc.: Diese Angaben sprechen für sich, eine nähere Spezifizierung ist nicht notwendig.

Besondere Bedeutung bei der Lagerung von Produkten kommt dabei dem Kühlraum zu. Ein und derselbe Kühlraum darf gemeinsam für die Lagerung von Lebensmitteln genutzt werden, wenn diese getrennt voneinander gelagert werden. Werden beispielsweise Fleisch und Fleischprodukte gemeinsam gelagert, sind diese durch Umhüllung oder Verpackung zu schützen.

Auch hier kann mittels der „Checkliste Kühlraum" aus dem „Handbuch zur Eigenkontrolle – für bäuerliche Betriebe, die mit Lebensmittel umgehen" von LK und LFI Österreich, eine Selbstüberprüfung durchgeführt werden.

3.6 Investitionen

Direktvermarkter sind Lebensmittelunternehmer und unterliegen im Produktionsbereich bis hin zur Vermarktung hygienischen Auflagen. Dies erfordert, je nach Produktion und Produktionsumfang, den Einsatz von „Geldmitteln" für die jeweilige Investition. Investitionen können erforderlich sein für bauliche Maßnahmen, Installationen, Einrichtungen und Gerätschaften, Marketing, Aufbau von Vertriebswegen wie z. B. einen Hofladen oder Buschenschank, aber auch in Aus- und Weiterbildung kann/muss investiert werden. Vor Beginn der Direktvermarktung und auch bei Neuinvestitionen muss daher gut geplant und „gerechnet" werden, ob dieser Betriebszweig wirtschaftlich/gewinnbringend geführt werden kann.

Vorab zu klären sind Fragen wie:
- Welche Kosten kommen auf mich zu?
- Wie schaut die Finanzierung aus?
- Benötige ich zur Finanzierung Fremdkapital?
- Gibt es für mein Vorhaben Förderungen?
- Ist mein Vorhaben wirtschaftlich?

Eine sehr gute Hilfestellung für diese Entscheidungen bietet das Betriebskonzept, idealerweise in Kombination mit einer Produktpreiskalkulation. Die wirtschaftliche Situation des Gesamtbetriebs wird im Ausgangsjahr als auch im Zieljahr meistens verbunden mit Szenarien dargestellt. Die kurz-, mittel- und langfristige Kapitaldienstgrenze ist dabei eine wertvolle Kennzahl zur Einschätzung der Liquidität des Betriebs und unterstützt bei der Bewertung bzw. Planung verschiedenster Investitionsvarianten. Sie gibt jenen Betrag an, den der Betrieb jährlich maximal für die Tilgung von Krediten aufbrauchen kann, ohne dabei die Stabilität des Betriebs zu gefährden. Und so wird sie berechnet:

Ermittlung der Kapitaldienstgrenze

- Gesamteinkommen bzw. Gewinn
- Verbrauch bzw. Entnahmen
= Überdeckung/Unterdeckung des Verbrauchs bzw. Eigenkapitalveränderung
+ bezahlte Schuldzinsen
= langfristige KDG bei Schuldenfreiheit
+ Abschreibung Gebäude
= Mittelfristige KDG bei Schuldenfreiheit
+ Abschreibung Maschinen
= Kurzfristige KDG bei Schuldenfreiheit

Unterstützung erhalten Betriebe in ihrer jeweiligen Landwirtschaftskammer.

Kostenvoranschläge: Die Einholung mehrerer Kostenvoranschläge und deren Vergleich sind unbedingt erforderlich und können helfen, viel Geld zu sparen!

Förderungen können je nach Förderperiode unterschiedlich sein. Die Einreichstellen für Förderungen sind in den Bundesländern unterschiedlich geregelt. Wer, was und unter welchen Voraussetzungen im Bereich Diversifizierung/Investitionsförderung gefördert wird, sieht man hier am Beispiel Oberösterreich: https://www.land-oberoesterreich.gv.at/82045.htm

3.7 Praxisbeispiel Heumilchbetrieb Madl

Milchdirektvermarktung am Beispiel des zugelassenen Milchverarbeitungsbetriebs Heumilchbetrieb Familie Madl, www.madl-milch.at, Seckau, Steiermark.

Hermann und Irmgard Madl haben den Heumilchbetrieb 1991 von seinen Eltern übernommen und sind seit 1999 Mitgliedsbetrieb von „Gutes vom Bauernhof".[20]

1995 wurde das Stallgebäude mit Inanspruchnahme von Investitionsförderung neu errichtet. Mit dem EU-Beitritt 1995 verfiel der Milchpreis, das Milchkontingent war zu gering und der damals noch erforderliche Kauf sehr kostenintensiv. Die für die Direktvermarktung benötigte D-Quote (Entfall der Milchquotenregelung mit 01.04.2015) erhielt man durch Ansuchen an Agrarmarkt Austria. Da die erforderlichen Kapazitäten einschließlich der Arbeitskapazität am Betrieb vorhanden waren, fiel 1997 die Entscheidung, mit Jänner 1998 in die Schulmilchproduktion einzusteigen, was zur damaligen Zeit ein absolutes Neuland in der bäuerlichen Direktvermarktung darstellte. Die Herstellung von Kakao (nichtfermentiertes Flüssigmilcherzeugnis) und pasteurisierter Trinkmilch erforderte eine „Zulassung als Milchverarbeitungsbetrieb" und damit die Zuteilung einer Zulassungsnummer oder auch Identitätskennzeichen (ovales Zeichen mit folgenden Angaben: AT 60259 EG). Dieses muss verpflichtend am Etikett des betreffenden Produkts angeführt sein, bzw. beim Betrieb Madl ist es auf allen Etiketten angeführt. Damals gab es noch keine Einreichunterlage, die alle Erfordernisse gemäß Lebensmittelhygiene-Zulassungsverordnung gut aufbereitet hatte, wie sie jetzt z. B. unter https://bit.ly/2LtCgpb zur Verfügung steht. Seitens der Beratung und Lebensmittelaufsicht gab es noch viel Abstimmungsarbeit.[21]

https://bit.ly/2LtCgpb

Bei der Planung der Räumlichkeiten für die Milchdirektvermarktung wurde einerseits die Beratung der Landwirtschaftskammer Steiermark und, für uns auch besonders wichtig, die Lebensmittelaufsicht mit eingebunden. Wichtig war uns auch, vor Beginn der Direktvermarktung und Planung der Räumlichkeiten andere Betriebe zu besichtigen.

In das vorhandene Gebäude wurden ein Vorraum, der auch als Manipulationsraum genutzt wurde, ein Produktionsraum/Hygieneraum und ein eigener Waschraum integriert, die den damaligen Hygieneauflagen entsprachen. Begonnen wurde mit der Belieferung von Schulen und Kindergärten mit pasteurisierter Vollmilch, Fruchtmilch-Varianten und Kakao, alles in Gläsern. Ein halbes Jahr später wurde Joghurt, Fruchtjoghurt und Topfen an den örtlichen Nahversorger geliefert, der damals schon auf Regionalität setzte. Durch den sehr guten Start wurde bereits nach einem halben Jahr umgebaut, wieder in Absprache mit der Lebensmittelaufsicht. Beim Umbau kamen ein Umkleideraum und ein weiterer Lagerraum für Flaschen (Reinraum) dazu. Gleichzeitig wurde der Produktionsraum

Irmgard Madl bei der Produktion

und Waschraum entsprechend vergrößert und zusätzliche Fenster für natürliches Licht und Lüftung eingebaut. Die Erfahrung hat gezeigt, dass bei Möglichkeit eines Neubaus alles von Beginn an ideal geplant und gebaut werden kann, ohne durch die vorhandenen Räumlichkeiten Kompromisse eingehen zu müssen. Andererseits sind wir aber „finanziell gesund" gewachsen, was uns als Betrieb auch sehr wichtig ist. Die Investition soll sich in der „Bewirtschaftergeneration" wieder amortisiert haben. Im Herbst 2015 wurde die Produktion in Flaschen eingestellt und zur Gänze auf Einwegverpackungen umgestellt. Der grüne Punkt auf unseren Verpackungen zeigt dem Kunden, dass die Verpackung ARA entpflichtet ist und im Gelben Sack entsorgt werden kann.

Zur Produktpalette kam 2017 die Belieferung des Handels mit pasteurisierter Trinkmilch dazu. Ablauf der Produktion von pasteurisierter Trinkmilch, die am Betrieb Madl eine Besonderheit darstellt, da sie

HERSTELLUNGSABLAUF
Pasteurisierte Trinkmilch in Becher für Schulmilch

Tätigkeit und wichtige Punkte der Hygiene	Kritische Punkte Anforderungen	Prüf- und Überwachungsverfahren	Maßnahmen bei Abweichung
Lagerung der Rohmilch	Lagerung bei max. 36 Stunden bei max. + 4 °C	Kontrolle von Kühltemperatur und Zeit	Andere Verwendung
Erhitzen: kritischer Kontrollpunkt. Erhitzung der Milch zur Abtötung von Krankheitserregern und hitzeempfindlichen Schadkeimen	31 Minuten bei 63,5 °C = Pasteurisierung	Kontrolle von Temperatur und Zeit durch digitale Aufzeichnung	Nochmalige Erhitzung und Überprüfung der Anlage
Sauberkeit der Becher und Platinen	Keine Beschädigung der Becher und optische Kontrolle	Optische Kontrolle auf Reinheit der Becher	Ausscheiden der Becher und Platinen aus der Produktion
Abfüllung	Entkeimung der Abfüllanlage bei 85 °C	Temperaturkontrolle, Dauer	Nochmalige Entkeimung
Vermehrung von Schadkeimen bei der Lagerung	Temperatur bei 4–6 °C	Temperaturkontrolle	Kein Verkauf
Qualität der Trinkmilch	Keine deutlich erkennbaren Fehler	Sensorische Kontrolle: Farbe, Geruch, Konsistenz, Geschmack	Kein Verkauf
Datum: 09.09.2016		Unterschrift: Madl Irmgard eh.	

PRODUKTION

eine „Heumilch g.t.S." ist. Das bedeutet Heumilch, produziert nach den strengen Auflagen einer **g**arantiert **t**raditionellen **S**pezialität.

Mehr zu den Kriterien unter www.heumilch.at.[22]

https://bit.ly/2Lu27Nz
www.heumilch.at

Vorab noch die **Funktion der einzelnen Räumlichkeiten:** Umkleideraum (Wechsel von Straßen- auf Arbeitsbekleidung), Vorraum (Manipulationsraum, Schulmilchprodukte werden hier je nach Bestellung zusammengestellt, sämtliche Schreibarbeiten/Dokumentationen), Produktionsraum/Hygieneraum (Produktion, Pasteurisierung, Produktion der einzelnen Produkte, Abfüllung und Etikettierung), Waschraum (Reinigung), Kühlraum (Kühlung der Produkte bis zur Auslieferung).

Herstellungsablauf für pasteurisierte Vollmilch; dieser ist Teil des verpflichteten Eigenkontrollsystems (siehe Tabelle Seite 46).

Wichtig ist die Einhaltung der Kühlkette (max. +6 °C) bis zur Zustellung im Geschäft oder bei der Schulmilch in den Schulen. Die Produkte, so auch die „Heumilch g.t.S.", werden innerhalb von 24 Stunden ab Gewinnung der Milch ausgeliefert, und das besonders umweltfreundlich mit einem Elektroauto, das die näher gelegenen Schulen und Kaufhäuser beliefert, bedingt durch die kürzere Reichweite des Autos. Das Elektroauto ist auch deswegen ideal für den Schulmilchbetrieb, weil die Auslieferung nur in der Früh passiert und danach mit eigenem Sonnenstrom tagsüber wieder geladen wird. Die zwei anderen Lieferautos starten mit der Auslieferung bereits um 4:30 Uhr an weiter entfernte Schulen.

Innerhalb eines Tages beim Kunden – frischer geht es nicht!
- Die Kühe werden mittels Melkroboter gemolken.
- Milch für Produktion wird automatisch in den Behälterpasteur geleitet, dieser ist für 5 Uhr früh programmiert, um mit der Dauerpasteurisation 30 Minuten bei 63 °C zu beginnen.
- Um 8 Uhr wird die pasteurisierte Milch abgefüllt – etikettiert und auf 2 bis 4 °C gekühlt.

Etikett „Heumilch g.t.S.", mit allen erforderlichen Kennzeichnungselementen. Siehe Ausführungen unter Verpackung – Produktkennzeichnung.

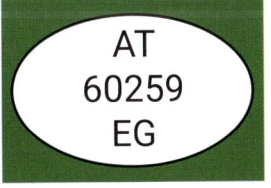

Das ist das Identitätskennzeichen des Betriebs.

Der Grüne Punkt, Betrieb Madl „entpflichtet" die Verpackung selbst – mehr Info zur ARA www.ara.at .

EU-Gütesiegel g.t.S. (garantiert traditionelle Spezialität) für Heumilch – Info dazu unter www.heumilch.at.

Zusätzliche Angaben am Etikett für die pasteurisierte Vollmilch an den Handel:
So werden am Betrieb Madl ein Fünftel der erzeugten Milchmenge direktvermarktet, was ca. 50 % vom Umsatz

https://youtu.be/dnLTFgmzPII

aus der Milchproduktion ausmacht. Mehr über die Schulmilchproduktion am Betrieb Madl unter https://youtu.be/dnLTFgmzPII

PRODUKTION

Quellen:

[1] https://www.gutesvombauernhof.at/uploads/media/intranet/Hygiene/Handbuch_Eigenkontrolle_Auflage_5_X-2016.pdf, Seite 6, LFI Österreich
[2] https://www.verbrauchergesundheit.gv.at/lebensmittel/buch/hygieneleitlinien/LL_Milchverarbeitungsbetriebe_baeuerliche.pdf?6tdxj8, Seite 6–7
[3] https://www.verbrauchergesundheit.gv.at/lebensmittel/buch/hygieneleitlinien/LL_Milchverarbeitungsbetriebe_baeuerliche.pdf?6tdxj8, Seite 6–7
[4] https://www.verbrauchergesundheit.gv.at/lebensmittel/buch/hygieneleitlinien/LL_Milchverarbeitungsbetriebe_baeuerliche.pdf?6tdxj8, Seite 2
[5] https://www.verbrauchergesundheit.gv.at/lebensmittel/buch/hygieneleitlinien/LL_Milchverarbeitungsbetriebe_baeuerliche.pdf?6tdxj8, Seite 1
[6] https://www.verbrauchergesundheit.gv.at/lebensmittel/buch/hygieneleitlinien/LL_Milchverarbeitungsbetriebe_baeuerliche.pdf?6tdxj8, Seite 12
[7] Leitlinie für bäuerliche Milchverarbeitungsbetriebe, https://www.gutesvombauernhof.at/uploads/media/Steiermark/Leitlinie_milchverarbeitungsbetriebe.pdf, Seite 30
[8] Leitlinie für bäuerliche Milchverarbeitungsbetriebe, https://www.gutesvombauernhof.at/uploads/media/Steiermark/Leitlinie_milchverarbeitungsbetriebe.pdf, Seite 39, Ausschnitt
[9] https://www.verbrauchergesundheit.gv.at/lebensmittel/buch/hygieneleitlinien/hytienell.html
[10] Übernommen aus: Bäuerliche Direktvermarktung von A bis Z, LFI Österreich
[11] https://www.verbrauchergesundheit.gv.at/lebensmittel/buch/codex/kapitel.html
[12] Literaturquelle: Bäuerliche Direktvermarktung von A bis Z, LFI Österreich
[13] http://www.lebensmittelbuch.at/milch-und-milchprodukte/
[14] https://www.verbrauchergesundheit.gv.at/lebensmittel/buch/codex/B_32_Milch_und_Milchprodukte_10_10_2018_1.pdf?6th9om
[15] Literaturquelle: Bäuerliche Direktvermarktung von A bis Z, Dr. Martina Ortner, LFI Österreich (wortwörtlich übernommen)
[16] www.bmgf.gv.at/home/Gesundheit/VerbraucherInnengesundheit/Lebensmittel/Hygiene_im_Privathaushalt
[17] https://www.gutesvombauernhof.at/intranet/produkte/fleisch-und-fleischerzeugnissen/kennzeichnung.html
[18] https://www.verbrauchergesundheit.gv.at/lebensmittel/buch/codex/A_5_Kennzeichnung_Aufmachung_8_10_2018.pdf?6tdu2g
[19] https://www.gutesvombauernhof.at/uploads/media/intranet/Hygiene/Handbuch_Eigenkontrolle_Auflage_5_X-2016.pdf, Seite 12.
[20] https://www.gutesvombauernhof.at/steiermark/suchergebnis.html?p=0&hid=1053259#content_top
[21] https://www.gutesvombauernhof.at/intranet/produkte/milch-und-milcherzeugnissen/zulassung.html
[22] https://ec.europa.eu/info/food-farming-fisheries/food-safety-and-quality/certification/quality-labels/quality-schemes-explained

Arbeitsaufgaben

1) Die Kennzeichnungselemente eines Etiketts zur Lebensmittelkennzeichnung sind genau festgelegt. Für ein beliebiges Milchprodukt ist ein Musteretikett zu erstellen:

- Bezeichnung des Milchprodukts:
- Folgende Parameter sind auf dem Etikett verpflichtend anzuführen:
- Für das frei gewählte Milchprodukt sieht das Etikett folgendermaßen aus:

2) Die Checkliste für Anforderungen an Räume, Einrichtungen und Geräte aus dem Internet herausfinden, damit einen Verarbeitungsraum durchleuchten und die Dokumentationen festhalten.

3) Falls nicht alles den Anforderungen entspricht, Lösungsvorschläge zur Verbesserung erarbeiten (Zuständigkeiten klären, an wen melden …).

4) Einen Reinigungs- und Desinfektionsplan für einen Verarbeitungsraum erstellen und im praktischen Unterricht umsetzen. Entsprechende Vorschläge für Reinigungs- und Desinfektionspläne sind im Internet zu recherchieren.

5) Die Anforderungen an das Personal in der Verarbeitung erklären und Maßnahmen zur Überprüfung festlegen. Zudem fünf „No-Gos" aufzeigen und erklären.

Vertriebswege – von klassisch bis innovativ

(Ing. Gabriela Stein, LK OÖ)

Grundkompetenzen:

- Nenne fünf Vertriebswege und beschreibe diese jeweils in mindestens zwei Sätzen.
- Stelle dar, für welche Vertriebswege keine Gewerberechtigung erforderlich ist und nenne 3 Beispiele.
- Wähle drei innovative Vertriebswege und ermittle deren Unterschiede.
- Vergleiche zwei Vertriebswege hinsichtlich des Zeitaufwands für die Vermarktung.
- Beschreibe einen klassischen Vertriebsweg wie z. B. den Bauernmarkt.

Erweiterte Kompetenzen:

- Vor- und Nachteile von drei Vertriebswegen beschreiben, entscheiden für einen Vertriebsweg und diesen begründen.
- Die Vertriebswege analysieren und herausarbeiten, für welche Vermarktungsformen welches Gewerbe angemeldet werden muss.
- Nutzen, Chancen und Gefahren von alternativen Vertiebswegen wie FoodCoops beurteilen und interpretieren.
- Einen Plan für die Gründung eines Bauernmarkts erstellen und begründen.
- Mittels eines Fragebogens auf einem Bauernmarkt eine Kundenbefragung durchführen, die Antworten beurteilen und Verbesserungsvorschläge erarbeiten.

4.1 Wichtige Überlegungen vor dem Start

Konsumenten schätzen vermehrt die Produkte der bäuerlichen Direktvermarkter und wollen verstärkt wissen, *Wie* und *Wo* ihre Lebensmittel produziert werden. Für sie ist Regionalität ein wichtiges Kriterium für den Lebensmitteleinkauf. Dazu wählen sie überwiegend „Einkaufsmöglichkeiten", bei denen der direkte Kontakt zum Produzenten möglich und das persönliche Gespräch geführt werden kann. Welchen Vertriebsweg der Produzent wählt, ist von verschiedenen Faktoren abhängig. Diese reichen von der „Persönlichkeit" des Produzenten bis hin zum Produkt selbst. Der Zeitfaktor, sich neben der Produktion auch um den direkten Verkauf zu kümmern, ist ausschlaggebend dafür, welchen Vertriebswegemix der Produzent wählt. Pro und Kontra jedes Vertriebsweges müssen abgewogen werden. Klassiker bleibt trotz Vielfalt an Vertriebswegen mit knapp 80 % der Ab-Hof-Verkauf.

Bevor die verschiedenen Vertriebswege/Absatzschienen erläutert werden, ist es noch wichtig zu wissen, was der Landwirt ohne Gewerbeberechtigung verkaufen darf und welche Ausnahmen aus der Gewerbeordnung bei Verabreichung und Ausschank für den Landwirt relevant sind.

> ➤ Wichtig ist, dass jeder landwirtschaftliche Betrieb vor Aufnahme der Produktion und Wahl seines Vertriebswegemix die für ihn relevanten, rechtlichen, steuerlichen und sozialrechtlichen Rahmenbedingungen klären muss. Dazu kann das Beratungsangebot der Landwirtschaftskammern in den einzelnen Bundesländern in Anspruch genommen werden.

4.1.1 Verkauf

Den Landwirten steht es zu, ihre selbst erzeugten Produkte zu verkaufen, soweit dieses Recht nicht gesetzlich eingeschränkt wurde. Sie dürfen ihre Urprodukte und die Erzeugnisse aus der Be- und Verarbeitung (Nebengewerbe) über verschiedene Vertriebswege anbieten und verkaufen. Je größer die Bedeutung der Direktvermarktung für den Betrieb, desto mehr Vertriebswege nutzt dieser.

Bei jedem Vertriebsweg ist genau zu beachten, unter welchen rechtlichen Rahmenbedingungen dieser durchgeführt wird. Denn geht der Verkauf über die eigenen, selbst produzierten Produkte hinaus, stellt dies in den meisten Fällen bereits eine gewerbliche Tätigkeit dar. Ausnahmen gibt es nur im Rahmen der landwirtschaftlichen Urproduktion bei den pflanzlichen Erzeugnissen. Hier ist ein Zukauf von Handelsware im jeweiligen Betriebszweig erlaubt, wenn der Einkaufswert nicht mehr als 25 % des Verkaufswerts aller Erzeugnisse des jeweiligen Betriebszweiges beträgt. Ein Beispiel: Ein Apfelbauer kauft zur Erweiterung seiner Produktpalette eine weitere Apfelsorte zu.

4.1.2 Verkostung

Die Ausgabe von unentgeltlichen Kostproben ist zulässig.

4.1.3 Verabreichung und Ausschank

Bei diesen Vertriebswegen gibt es für den Landwirt drei Angebotsformen, die von der Gewerbeordnung ausgenommen und damit ohne Gastgewerbeberechtigung durchgeführt werden dürfen. Im Gewerberecht ist streng zwischen dem reinen Verkauf eigener Produkte und der darüber hinausgehenden Verabreichung und/oder Ausschank von Speisen und Getränken zu unterscheiden. Jede Vorkehrung bzw. Tätigkeit, die darauf abzielt, dass Speisen und Getränke vom Kunden/Gast an Ort und Stelle verzehrt werden können, löst eine Gastgewerbeberechtigung aus, auch wenn die Produkte und Getränke aus eigener Urproduktion oder im Rahmen des landwirtschaftlichen Nebengewerbes produziert wurden.

> Verabreichung und Ausschank ohne Gastgewerbeberechtigung ist im Rahmen eines bäuerlichen Buschenschanks, eines Almbüfetts und der Privatzimmervermietung, im bäuerlichen Bereich auch „Urlaub am Bauernhof" benannt, zulässig.

Welche Vertriebswege von klassisch bis innovativ werden in der Praxis genutzt?

Eine Landwirte-Befragung zur Direktvermarktung, erstellt von KeyQUEST Marktforschung GmbH im Auftrag des Agrar.Projekt.Verein und der Landwirtschaftskammer Österreich im Jahr 2016, ergab bei 348 befragten Direktvermarktenden nachstehende Reihung.

Die gesamte Studie zur Direktvermarktung in Österreich steht als Download zur Verfügung unter[1]

https://bit.ly/2Jrp6H4

Vertriebswege – direkt oder indirekt.
Welcher Vertriebsweg passt besser zu mir?

Die Wahl des „richtigen" Vertriebswegemix für den Direktvermarktenden und seinen Kunden bedarf daher einer genauen Analyse des Marktes, unter Einbindung der persönlichen und betrieblichen Ressourcen. Jeder Vertriebsweg birgt Vor- und Nachteile in sich.

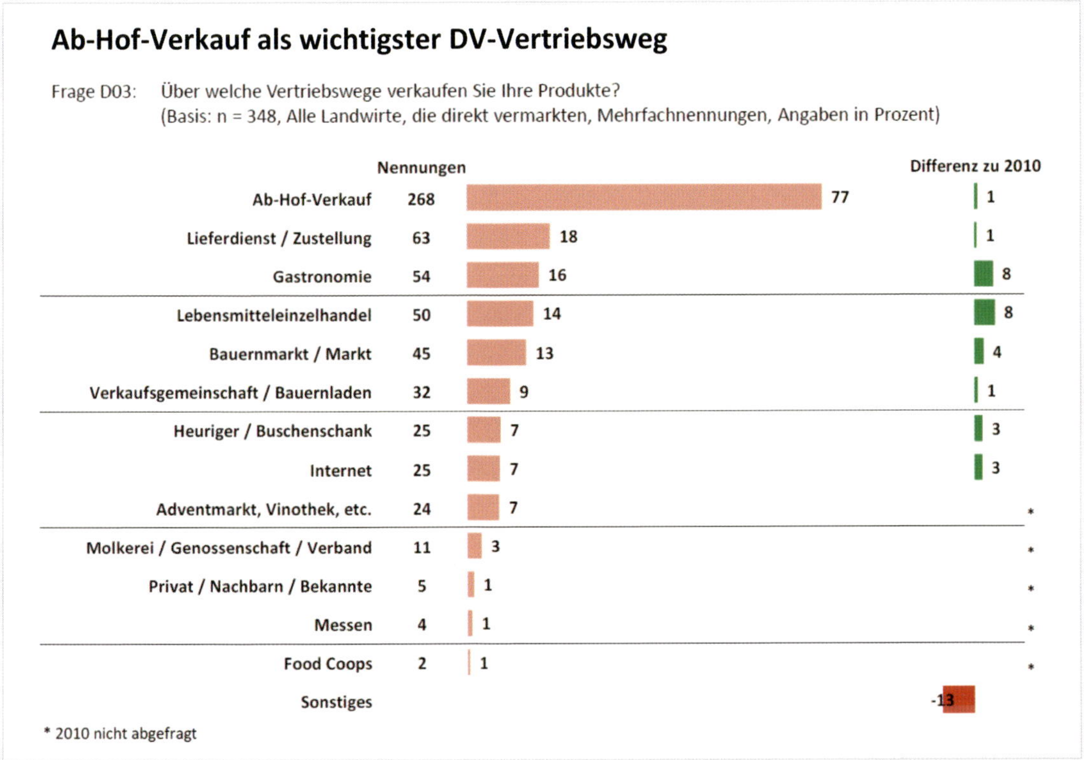

Ab-Hof-Verkauf als wichtigster DV-Vertriebsweg

Frage D03: Über welche Vertriebswege verkaufen Sie Ihre Produkte?
(Basis: n = 348, Alle Landwirte, die direkt vermarkten, Mehrfachnennungen, Angaben in Prozent)

Vertriebsweg	Nennungen	%	Differenz zu 2010
Ab-Hof-Verkauf	268	77	1
Lieferdienst / Zustellung	63	18	1
Gastronomie	54	16	8
Lebensmitteleinzelhandel	50	14	8
Bauernmarkt / Markt	45	13	4
Verkaufsgemeinschaft / Bauernladen	32	9	1
Heuriger / Buschenschank	25	7	3
Internet	25	7	3
Adventmarkt, Vinothek, etc.	24	7	*
Molkerei / Genossenschaft / Verband	11	3	*
Privat / Nachbarn / Bekannte	5	1	*
Messen	4	1	*
Food Coops	2	1	*
Sonstiges			-13

* 2010 nicht abgefragt

© Umfrage durchgeführt von keyQUEST im Auftrag von Agrar.Projekt.Verein und Landwirtschaftskammer Österreich

4.2 Ab-Hof-Verkauf – Abgesonderte Verkaufsstellen – Hofladen

4.2.1 Ab-Hof-Verkauf – der Klassiker unter den Vertriebswegen

Der Verkauf von selbst produzierten Produkten direkt ab Hof ist einer der häufigsten Vertriebswege und wird öfter mit weiteren Vertriebswegen kombiniert. Er entspricht dem Kundenwunsch, „ihren Bauern und den Bauernhof persönlich zu kennen". Eine exakte Anfahrtsbeschreibung (nicht überall funktioniert das Navi), gut sichtbare Wegweiser und Hoftafeln, ein gepflegtes Hoferscheinungsbild gehören zum Einkaufserlebnis direkt am Hof dazu. Der Ab-Hof-Verkauf ohne Hofladen ist meist sehr einfach gestaltet und daher mit geringem Investitionsbedarf verbunden. Vorteile dieses Vertriebsweges sind der Wegfall der Transportkosten, Selbstentscheidung über Verkaufszeiten, das Einkaufserlebnis für den Kunden direkt am Hof, geringerer Preisdruck. Wenn der Betrieb in der Nähe von Wohngebieten liegt ist er ein attraktiver Frequenzbringer.

Spargel im Ab-Hof Verkauf am Betrieb Mühlberghuber, Kronsdorf / OÖ, www.spargel-muehlberghuber.at

© LK OÖ

VERTRIEBSWEGE

Verkaufshütte, als abgesonderte Verkaufsstelle, direkt am Erdbeerfeld der Familie Schiefermair in Kematen a.d.Krems/OÖ

Verkauf ausschließlich eigener Produkte im Hofladen
www.leitner-ei.at

4.2.2 Abgesonderte Verkaufsstellen

Es ist zulässig, mehrere Verkaufsstellen, die sich nicht am Hof befinden müssen, ohne Gewerbeberechtigung zu führen. Man nennt diese Verkaufsstellen „Abgesonderte Verkaufsstellen". Bei all diesen Varianten können ausschließlich für den Verkauf angestellte Hilfskräfte beschäftigt werden.

4.2.3 Hofladen – Verkauf ausschließlich selbst erzeugter Produkte

Sehr oft findet der Verkauf in einem ansprechend, liebevoll eingerichteten Hofladen statt, wozu keine anlagenrechtliche oder sonstige Bewilligung erforderlich ist. In Ausnahmefällen kann jedoch eine baurechtliche Genehmigung erforderlich sein (Gemeinde ist hier Ansprechpartner). Der Hofladen unterliegt nicht dem Öffnungszeitengesetz sowie der Sonn- und Feiertagsruhe. Es ist jedoch sinnvoll, die Öffnungszeiten einerseits „kundenfreundlich", andererseits auf den Betrieb abgestimmt festzulegen. Bei der Wahl der Öffnungszeiten ist darauf zu achten, dass für eventuelle weitere Vertriebswege, für Produktion und Führung des land- und forstwirtschaftlichen Betriebs und für die Familie noch ausreichend Zeit bleibt, damit es zu keiner dauerhaften Arbeitsüberlastung kommt. Der Hofladen erfordert gegenüber des einfachen Ab-Hof-Verkaufes meistens einen höheren Investitionsbedarf, jedoch können hier die Produkte ansprechend präsentiert und die Kundengespräche in angenehmer Atmosphäre stattfinden. Für ausreichend Parkplatz ist zu sorgen. Zu überlegen ist jedoch, ob die eigene Produktpalette ausreichend für die Errichtung eines Hofladens ist, ob sich die Investition lohnt.

Blick in den Hofladen des Eier-Direktvermarkters der Familie Leitner, www.leitner-ei.at, aus 4040 Lichtenberg/OÖ. Dieser innovative Betrieb wird auch auf der Homepage https://meinhof-meinweg.at/at/index.php vorgestellt.

4.2.4 Hofladen – Verkauf eigener und zugekaufter Produkte anderer Direktvermarkter

Werden im Hofladen zusätzlich Produkte von anderen Direktvermarktern verkauft, löst dies bei Verkauf auf eigene Rechnung und Gefahr ein Handelsgewerbe aus und stellt somit eine gewerbliche Tätigkeit mit allen Konsequenzen dar. Informationen zur Erlangung und Ausübung eines Handelsgewerbes sind bei der Wirtschaftskammer – Gründerservice – zu erhalten.

4.3 Bauernladen

Kunden schätzen beim Einkauf die Produktvielfalt. Dabei spielt auch der Zeitfaktor für den Einkauf eine Rolle. Da eine attraktive Produktpalette von einem einzelnen Direktvermarkter selten angeboten werden kann, schließen sich mehrere Direktvermarktende zusammen und gründen einen Bauernladen. Dies spart Kosten und Vermarktungszeit für den Einzelnen. Arbeitszeit und Aufgaben verteilen sich auf mehrere Betriebe. Kooperationsbereitschaft ist hier allerdings Voraussetzung.

VERTRIEBSWEGE

Hofgreißerlei Wakonig, Schumystraße, Klagenfurt. www.wakonigs-hofgreisslerei.at.

Neben der Standortfrage ist es dabei besonders wichtig zu klären, wie der Verkauf stattfindet. Verkauft jeder Direktvermarkter in seinem Namen und auf seine Rechnung, bedingt dies ein transparentes Kassenabrechnungssystem, das sich mit einer Registrierkasse gut nachvollziehen lässt.

Ein gut funktionierendes Beispiel dafür ist der **Biobauernladen in Natters in Tirol**. Hier werden rund 400 Bioprodukte in BIO AUSTRIA-Qualität von derzeit 20 ausschließlich BIO AUSTRIA-Mitgliedsbetrieben angeboten. Die ARGE Bio-Bauernladen Tirol möchte damit die Konsumenten auf das vielfältige regionale Angebot der Bioprodukte aufmerksam machen. Für die Gründung einer ARGE entschloss man sich, um eine minimale rechtliche Struktur zu schaffen. „Es hat eine ganz andere Atmosphäre, wenn ein Projekt gemeinsam gestartet und gemeinschaftlich getragen werden kann", betont Regula Imhof, eine Initiatorin.

Verkaufen die Direktvermarkter über eine Gemeinschaft (Zusammenschluss der Direktvermarkter) und tritt diese als Verkäufer auf, ist dafür ein Handelsgewerbe erforderlich. Rechtliche und steuerrechtliche Auflagen (Gewerbeordnung, Arbeitsrecht, Öffnungszeitengesetz ...) sind im Vorfeld zu klären. Diese Vermarktungsform bedingt die Mitgliedschaft bei der Wirtschaftskammer mit allen Konsequenzen in den Bereichen Betriebsanlagenrecht, Steuer- und Sozialrecht. Kostenlose Erstinformationen zum Schritt ins Gewerbe bietet das Gründerservice der Wirtschaftskammer an.

Biobauernladen Natters – In Tirol gibt es bereits 4 Bauerläden nach diesem Modell.
https://www.gutefruecht.at/bio-bauernladen-natters

www.gruenderservice.at

4.4 Bauernmarkt

Die Gewerbeordnung versteht unter einem Bauernmarkt eine marktähnliche Veranstaltung, bei der **nur** Land- und Forstwirte ihre Produkte aus Urproduktion und Nebengewerbe (Be- und Verarbeitung) feilbieten und verkaufen dürfen. Auch dürfen sie Produkte aus häuslicher Nebenbeschäftigung anbieten, z. B. bemalte Ostereier oder Kleinkunsthandwerk. Je nach angebotenem Produkt ist auf die Hygieneanforderungen zu achten. Sensible Produkte wie Milch, Fisch und Fleisch müssen gekühlt transportiert und angeboten werden. Auf eine Handwaschgelegenheit, Spuckschutz, Information zu Allergenen beim Verkauf von offener Ware ist beispielsweise zu achten. Um Kundenbindung zu erreichen, ist eine regelmäßige Präsenz (Zeitaufwand ist einzurechnen) auf dem Bauernmarkt wichtig. Werbung in Form eines ansprechenden Verkaufsstandes/Verkaufswagens, Hoffolder, Bilder vom Hof, das persönliche Verkaufsgespräch sind wichtige emotionale „Bindungsfaktoren". Das Wichtigste ist und bleibt jedoch das PRODUKT.

Am Bauernmarkt können in kurzer Zeit hohe Umsätze erzielt und bei „Verkaufsgeschick" Neukunden gewonnen werden. Durch die Produktvielfalt am Bauernmarkt kann auch ein eigenes kleineres Sortiment attraktiv für den Kunden sein.

4.5 Märkte – Wochenmarkt

Bei diesen Märkten bieten neben Land- und Forstwirten auch andere Anbieter, z. B. Gewerbebetriebe, ihre Waren an. Die Vielzahl der Anbieter und deren vielfältige Produktpalette sind für den Kunden besonders interessant. Wochenmärkte dieser Art basieren auf einer entsprechenden Gemeindeverordnung. Diese regelt neben dem Platz für den Markt z. B. auch die Markttage, die Verkaufszeiten und die Standvergabe.

! Die Lebensmittelaufsicht überprüft die Hygieneauflagen auf Märkten. Dazu gibt es Merkblätter im Internet. In OÖ sind diese z. B. unter dem Button Feste/Märkte Abrufbar.

https://www.lebensmittelaufsicht-oberoesterreich.org/feste-maerkte/

Bauernmarkt Leoben – Kirchplatz

4.6 Feilbieten im Umherziehen

Dieser sehr zeitaufwendige Vertriebsweg hat heute aus zeitökonomischen Gründen seinen Stellenwert weitgehend verloren. Außerdem ist die vom Gesetz erlaubte Produktpalette nicht sehr umfangreich. Land- und Forstwirte dürfen folgende selbst erzeugte Produkte im Umherziehen von Ort zu Ort oder von Haus zu Haus ohne gewerberechtliche Bewilligung feilbieten: Obst, Gemüse, Erdäpfel/Kartoffeln, Naturblumen, Brennholz, Rahm, Topfen/Quark, Käse, Butter, Eier. Bei Milchprodukten muss auf die Einhaltung der Kühlkette (max. 6 °C) geachtet werden.

Ernteerlebnis für alle Generationen am Erdbeerfeld der Familie Schiefermair in Kematen / OÖ

4.7 Zustellung/Versand

Land- und Forstwirten ist es gestattet, Produktbestellungen ihrer Kunden zuzustellen oder auch zustellen zu lassen. Je nach Produkt sind hier wiederum die „hygienischen Anforderungen" zu beachten, wie z. B. die Einhaltung der Kühlkette. Sinnvoll ist die Klärung des Zustellzeitpunkts mit dem Kunden bzw. wo die Bestellung abgeliefert werden kann, wenn der Kunde nicht zu Hause ist. Die Bezahlung kann bar oder besser unbar erfolgen.

4.8 Selbsternte

Ein zunehmend wichtiger Vertriebsweg, da für Direktvermarkter zeitschonend und für den Kunden mit einem Erlebnis verbunden, ist die Selbsternte. Ideal eignen sich dafür Obst, Gemüse und Blumen. Bei diesem speziell in Siedlungsnähe sehr beliebten Angebot „ernten" Kunden selbst. Je nach Produkt wird abgewogen oder gezählt und bar bezahlt. Bei Blumen ist meistens eine dafür direkt am Feld aufgestellte „Kassa" für die Bezahlung vorhanden. So kommen die Erdbeeren für die Nachspeise und der Blumenstrauß für den festlich gedeckten Tisch direkt und frisch vom Bauern!

4.9 Selbsternteparzellen – Mietgärten

Gärtnern liegt wieder stark im Trend. Landwirtschaftliche Betriebe, idealerweise Biobetriebe in günstiger Lage zu Wohnsiedlungen – gute Erreichbarkeit ist Voraussetzung –, nutzen diese Chance zur Erzielung zusätzlichen Einkommens. Selbsternteparzellen, speziell im städtischen Nahebereich, boomen.

Naturverbundene, Gesundheitsbewusste, Familien mit Kindern, die sich regional und saisonal ernähren wollen, sind die Zielgruppen. Sie wollen ihr Gemüse wieder selbst anbauen, um sich so den Wunsch nach gesundem, selbst produziertem Gemüse zu erfüllen. Auch hier steht der Gedanke, zu wissen, wo und wie das Gemüse produziert wird, an oberster Stelle. Manche wollen auch nur selbst ernten. Das einfachste Angebot ist die reine Vermietung einer für den Anbau vorbereiteten Parzelle (die gängige Parzellengröße beträgt ca. 40 m²). Bei dieser Form nutzt der „Gartler" für eine Gartensaison die bereitgestellte Gartenparzelle, sät, pflanzt, pflegt und erntet selbst. Eine weitere Angebotsform ist die Gartenparzelle in Verbindung mit Jungpflanzen oder Saatgut – aus der eigenen Gärtnerei oder in Kooperation mit einem Gärtner. Eine weitere Form ist die Überlassung einer bereits bebauten Gartenparzelle. Hier pflegt und erntet der Gartler selbst. Es gibt auch Selbsternteparzellen mit bereits erntefertigem Gemüse. Bei allen Angebotsformen ist neben einer Nutzungsvereinbarung, die alle Rechte und Pflichten der Nutzung für eine Gartensaison regelt, die erforderliche Infrastruktur sicherzustellen. Dazu gehört die Umzäunung, damit Wildtiere, wie z. B. Hasen, abgehalten werden, aber auch „Fremde" keinen direkten Zugang zu den Gartenparzellen haben. Gießwasser, Kompostplatz, Grundgerätschaften wie Gießkanne, Kübel, Scheibtruhe, Spaten sollten im Preis bereits enthalten sein. Ein überdachter Platz zum Unterstellen der Gerätschaften, zum Informationsaustausch, bei dem der Gartler wertvolle schriftliche Tipps über Kulturpflege, richtiges Kompostieren, Schädlingsbekämpfung bis hin zu Rezepten erhält. Regelmäßiger Erfahrungsaustausch der Gartler, verbunden mit fachlichen Inputs, oft auch von der Biobäuerin, sind sehr gefragt und stärken die Gemeinschaft. Die Verkehrssicherheit muss gegeben sein – daher Achtung bei den Parkmöglichkeiten für Räder und PKW und dem Zugang zu den Selbsternteparzellen. Der Anbieter haftet ab leichter Fahrlässigkeit.

Für den Direktvermarkter ist der Zeitaufwand saisonal begrenzt. Werden vom Betrieb weitere Produkte hergestellt, kann sich daraus ein Zusatzverkauf und für den Gartler ein Zusatznutzen ergeben. Ein weiterer Vorteil dieses Vertriebswegs ist der Wegfall der Kosten für Ernte, Verpackung, Lagerung und Vertrieb. Das Projekt der „Morgentaugärten" von Christian Stadler aus Hofkirchen/Oberösterreich ist ein Pionierprojekt, das 2017 mit dem Klimaschutzpreis[2] ausgezeichnet wurde.

MORGENTAUGÄRTEN ist Österreichs größtes Urban-Farming-Projekt.
www.morgentaugaerten.at

Morgentaugärten.

Anbautag in den Mietgärten.

Weitere Links zu interessanten Angeboten:

@ www.selbsternte.at

@ https://oberoesterreich.bodenbuendnis.or.at/garten/gemeinsam-gartln

@ Die Broschüre „Mietgärten – Gemüse zum Selberernten"³ steht als Download zur Verfügung oder kann in der Landwirtschaftskammer OÖ im Referat Direktvermarktung unter ref-dv@lk-ooe.at angefordert werden.

https://bit.ly/30En3VM

auch Ernteausfälle werden gemeinsam getragen. Die Broschüre „CSA Konzept für Produzenten und Konsumenten" kann unter solawi@ernaehrungs-souveraenitaet.at bestellt werden.

In Österreich gibt es bereits eine Vielzahl an gut funktionierenden CSA-Modellen⁴
www.ochsenherz.at
www.gemuesefreude.at
www.almgruen.at

https://bit.ly/1o63DEl

4.10 CSA – Solidarische Landwirtschaft

Community Supported Agriculture, kurz CSA genannt, ist in den 1960er-Jahren als Antwort auf die zunehmende Industrialisierung der Landwirtschaft und die große Macht der Lebensmittelhandelsketten entstanden. Die Ursprünge finden sich in Japan, Deutschland – mit starken Wurzeln in der biologisch-dynamischen Landwirtschaft. Besonders etabliert ist die CSA-Bewegung in Japan, wo heute rund ein Viertel der Bevölkerung an einer CSA-Gemeinschaft beteiligt ist. Aber auch in den USA, der Schweiz (Vertragslandwirtschaft) und zunehmend in Frankreich ist ihre Bedeutung groß.

Was versteht man unter einer Solidarischen Landwirtschaft und wie ist diese organisiert? Als Solidarische Landwirtschaft wird der Zusammenschluss einer Gruppe von Konsumenten mit einem Partner-Landwirt bezeichnet. Die Konsumenten geben die Abnahmegarantie (für ein landwirtschaftliches Jahr) für die Produktion des Landwirts und erhalten im Gegenzug Einblick und Einfluss auf die meist biologische Produktion. Die Partnerschaft unterstützt so die regionale Produktion und eine regionale Ernährung.

Organisation einer CSA: Eine Gruppe von Konsumentinnen und Konsumenten übernimmt Teile oder auch das gesamte laufende Jahresbudget eines landwirtschaftlichen Betriebs durch Vorfinanzierung. Dafür verpflichtet sich der Landwirt, die Konsumenten ganzjährig oder saisonal mit qualitätsvollen eigenen Produkten des Hofes in Form von Ernteanteilen zu versorgen. Ernteerfolge, aber

4.10.1 Praxisbeispiel einer CSA: Solawi Tannberg aus dem Bezirk Braunau

www.solawi-tannberg.at

Die Solawi Tannberg hat sich zum Ziel gesetzt, die Region mit hochwertigem Biogemüse zu versorgen. Was es bringt, bei einer Solawi mitzumachen, wird folgendermaßen erklärt: **Frische und Qualität:** Wöchentlich frisches Biogemüse aus der Region, keine Qualitätsverluste durch lange Lagerung oder Transport. Kultivierung von Sorten, bei denen nicht der Ertrag, sondern Geschmack und Inhaltsstoffe im Vordergrund stehen. **Saisonalität:** Wiedererlangung des Gefühls für saisonale Verfügbarkeit von Gemüse und dadurch eine neue Wertschätzung für natürliche Zusammenhänge. **Transparenz:** Wissen, wer dein Gemüse anbaut, wie es angebaut wird, und man kann jederzeit kommen und nachsehen, wie es wächst. **Vertrauen:** Die Menschen kennenlernen, die deine Lebensmittel produzieren. **Mitarbeiten, Mitgestalten und Mitlernen:** Pflanzen, Jäten,

Gemeinsames Arbeiten am Feld bei www.solawi-tannberg.at.

Ernten, Sauerkraut einmachen ... Das persönliche Engagement kann nach Lust und Möglichkeiten selbst festgelegt werden. Durch laufende Mails über das Geschehen am Hof und die Mitarbeit kommt Verständnis für die Zusammenhänge in der Landwirtschaft auf.

Wie das in der Praxis abläuft, schildert der Betreiber Josef Winkler: „Bei uns entscheiden sich die Ernteteiler für die Größe ihres Ernteanteils – kleiner, normaler oder großer Ernteanteil – je nachdem, welchen Gemüsebedarf sie haben. Die Gemüsemengen sind Erfahrungswerte – die tatsächliche Erntemenge hängt von den verschiedensten Einflüssen ab, denen die Landwirtschaft ausgesetzt ist, und wird von jedem Ernteteiler zu seinem Anteil mitgetragen. In der Saison 2019/20 haben wir 41 Familien, die einen Ernteanteil bei uns beziehen. Die Mitglieder sind nicht zur Mitarbeit verpflichtet, können aber freiwillig bei Gemeinschaftsaktionen am Hof mitarbeiten. Die Mitarbeit wird aber in keiner Weise entlohnt. Die Ernteteiler werden regelmäßig über den Hof informiert: Was passiert gerade, welche Arbeiten stehen an, welche Entscheidungen stehen an, was beschäftigt uns gerade? Der gesamte Gemüsebau wird von meiner Frau Ursula und mir gemacht. Wir planen mit einer Gemüsevielfalt von ca. 40 verschiedenen Kulturen. Wenn sich viele Ernteteiler freiwillig bei den Gemeinschaftsaktionen einbringen, haben wir mehr Zeit, um die Gemüse- und vor allem die Sortenvielfalt zu erhöhen und um neue Kulturen auszuprobieren. Wird die freie Mitarbeit wenig, stellen wir Goodies wie den Beerengarten mit Erdbeeren, Himbeeren, Ribiseln und Co. oder die Kräuterbeete hintenan und konzentrieren uns auf das „wesentliche" Gemüse. Am Abholtag (jeden Freitag) wird das Gemüse geerntet und gewaschen. Das geerntete Gemüse wird gewogen und in unser Depot geräumt, wo es am Nachmittag von den Ernteteilern abgeholt wird."

4.11 FOODCOOPS

Unter FoodCoop = Lebensmittelkooperative/Lebensmittel-Einkaufsgemeinschaft versteht man den Zusammenschluss von Personen und privaten Haushalten zum gemeinsamen Einkauf. Oft auf Vereinsbasis aufgebaut, beziehen sie selbst organisiert vorwiegend biologische Produkte direkt von bäuerlichen Produzenten aus der Region. Historischer Vorläufer sind die Konsumgenossenschaften des 19. Jahrhunderts oder auch Erzeuger-Verbraucher-Gemeinschaften.

Meistens ernährungs- und umweltbewusste Konsumenten und Konsumentinnen schließen sich zu einer „Einkaufsgemeinschaft" zusammen. Der grundsätzliche Sinn besteht darin, dass Personen ihre Einkäufe zusammenlegen, gemeinsam direkt beim Produzenten einkaufen und so ihre Lebensmittelbesorgung gemeinsam gestalten. Ziel ist der Aufbau eines alternativen Versorgungssystems, das auf folgende Punkte Wert legt:

- Direkter Kontakt ProduzentIn und VerbraucherInnen
- Selbstorganisation und Mitarbeit aller Vereinsmitglieder
- Soziale Standards in der Versorgungskette
- Wertschätzung der Lebensmittel und der bäuerlichen Arbeit
- Biologischer Anbau/Saisonalität
- Regionale Lebensmittelherstellung

Ablauf: Die gemeinsame Bestellung erfolgt meistens über eine Onlineplattform bis zu einem bestimmten Wochentag. Der Direktvermarkter liefert ebenfalls an einem bestimmten Tag die vorbestellten Lebensmittel in das FoodCoop-Lager. Hier holen sich die Mitglieder ihre vorbestellten Lebensmittel ab. Bezahlt wird meistens unbar. Wichtig ist, dass bei der Produktion bis hin zum Verkauf alle Vorschriften der Lebensmittelhygiene und Kennzeichnung eingehalten werden.

Die Ernte wird an die Ernteteiler von Solawi Tannberg verteilt.

Beispiele von FoodCoops in der Praxis
https://foodcoops.at/map/ – Landkarte mit FoodCoops
www.foodcoops.at/category/foodcoops_austria
www.bio-austria.at/aaz – Informationsseite von Bio Austria
www.netswerk.at
www.bauernladenein.at
www.speisvorchdorf.at

Praxisbeispiel: FoodCoop-Güterwege in Oberösterreich, www.guterwege.at

4.11.1 FoodCoop GüterWeGe!, Oberösterreich

www.gueterwege.at

Durch den gemeinsamen Einkauf von bio-regionalen, ökologischen und nachhaltigen Lebensmittelprodukten werden einerseits Bäuerinnen und Bauern bei der Direktvermarktung unterstützt, andererseits wird die Ernährungssouveränität jedes Einzelnen gefördert. Die Mitbestimmung und der direkte Kontakt zu den ProduzentInnen statt passivem anonymem Konsum sind das Herz der sogenannten FoodCoop, einer Einkaufsgemeinschaft, die ehrenamtlich als Verein geführt wird.

Online-Einkauf und flexible Abholung

Der Einkauf funktioniert über ein Online-Bestellsystem. Alle Mitglieder und ProduzentInnen haben einen eigenen Zugang zur FoodCoop-Software (www.foodcoopshop.com) und können ihre Produkte online bestellen bzw. anbieten. Die Mitglieder erhalten am Wochenanfang per E-Mail eine Bestell-Erinnerung samt Infos zu neuen Produkten etc. Bis Dienstagmitternacht können sie über die FoodCoop-Software bestellen.

Die ProduzentInnen erfahren mittwochs die Bestellmenge und liefern diese bis Freitag, 15:30 Uhr, ins Abhollager. Abgeholt werden können sie jeden Freitag ab 16 Uhr im Abhollager. Jede Woche begleiten ein bis zwei Mitglieder ehrenamtlich dieses Prozedere (= „Abholdienst").

Biologisch-regionale Vielfalt

Beim Verein Güterwege erhält man von Brot über Obst und Gemüse, Getreide, Milchprodukte von Kuh und Schaf, Fisch sowie Fleisch von Schwein und Pute alles aus kleinstrukturierten Landwirtschaften in der direkten Umgebung. Durch die Vorbestellung bedeutet dies für die ProduzentInnen überschussfreie Produktion.

Verpackungsfreies Einkaufen

Die bestellten Lebensmittel werden soweit als möglich verpackungsfrei angeliefert; eventuell benötigte Tragetaschen, Sackerl etc. nimmt sich jedes Mitglied zum Abholen selbst mit. Glasgebinde werden mit Pfand verrechnet und retourniert.

Bargeldloser Einkauf

Die Mitglieder überweisen selbstverantwortlich ein Einkaufsguthaben auf ihr Mitgliedskonto, von dem jeweils die Einkäufe abgebucht werden. Die Verrechnung erfolgt somit bargeldlos.

Persönliches Einkaufssortiment eines Mitglieds der Food Coop GüterWeGe

Abholtag beim Verein GüterWeGe.

Keine Einkaufsfallen
Da es keine Rabattaktionen, Draufgaben, Dreingaben oder Multipackaktionen gibt, besteht keine Gefahr, in ungeliebte Einkaufsfallen zu tappen und womöglich mehr zu kaufen, als benötigt wird.

Gemeinsame Werte und Ziele
Die Abholung schafft eine gemütliche Atmosphäre, gute Kommunikation und Verbundenheit durch gemeinsame Werte und Ziele. Möglichst einfach gestaltete Abläufe für alle Beteiligten (hauptsächlich durch die ausgereifte Software) unterstützen dies maßgeblich.

Verein GüterWeGe, Bahnhofstraße 16b,
4560 Kirchdorf
info@gueterwege.at, www.gueterwege.at[5]

4.12 Onlineverkauf & Online-Verkaufsplattformen

Direktvermarkter setzen zunehmend zur Erweiterung ihrer Vertriebswege und Umsatzsteigerung auf Onlinehandel. Sie nutzen dadurch die Chance, ihre Produkte, losgelöst von Öffnungszeiten und persönlichem Zeitaufwand für das Verkaufsgespräch, einer größeren Kundenschicht zu präsentieren. Zusätzliches Einkommen soll damit erzielt werden. Der Verkauf über Internet wird nur erfolgreich sein, wenn Betrieb und Produkt, unterstützt mit professionellen Fotos, authentisch präsentiert werden. Die Besonderheit der Produkte, wie z. B. Haltung und Fütterung der Tiere oder Anwendung eines traditionellen Herstellungsverfahrens beim Käse, muss ansprechend – das direkte Verkaufsgespräch ersetzend – dargestellt werden. Es verkauft sich „online" nicht von selbst – Aktualität des Onlineshops und der damit verbundenen Homepage sind Grundvoraussetzung. Die besondere Herausforderung bei diesem anonymen Vertriebsweg besteht darin, sich von den Mitbewerbern abzuheben.

Der Onlinehandel kann mittels Onlineshop auf der eigenen Website oder über eine Online-Verkaufsplattform abgewickelt werden.

Zu beachten ist, dass sich nicht alle Produkte für den Onlinehandel eignen. Onlineshops müssen im Vorfeld rechtlich gut abgeklärt werden. Für den Produzenten stellen sich zusätzlich Fragen, wie z. B.: Brauche ich als Lebensmittelunternehmer für den Internetvertrieb meiner Produkte eine Zulassung, oder löst dieser Vertriebsweg eine Nährwertkennzeichnung aus? Bei all diesen Fragen kann das Beratungsangebot in den Landwirtschaftskammern weiterhelfen.

So muss z. B. der Käufer vor Vertragsabschluss, sprich Kauf, gut informiert werden. Dazu dienen die Allgemeinen Geschäftsbedingungen, kurz „AGB" genannt. Diese müssen sorgfältig ausgearbeitet werden, damit der Vertragsabschluss für beide Vertragspartner rechtlich sicher abläuft. Einzuhalten sind ebenfalls die Anforderungen der seit 2018 gültigen Datenschutz-Grundverordnung/DSGVO und der Impressumspflicht. Wichtig sind zudem umfassende Produktbeschreibungen und die erforderlichen Angaben, die der Kunde üblicherweise am Etikett vorfindet.

4.12.1 Beispiel einer Online-Verkaufsplattform für Biofleisch

„nahgenuss.at" – Biofleisch direkt beim Bauern online bestellen.

„nahgenuss" ist eine Onlineplattform, die Biobäuerinnen und Biobauern mit ernährungsbewussten Konsumentinnen und Konsumenten zusammenbringt. Die Idee: Mehrere Kunden teilen sich ein Rind, Schwein, Lamm oder ein anderes Tier. Erst wenn das ganze Tier verkauft ist, wird es geschlachtet und verarbeitet. Die küchenfertigen Fleischpakete

VERTRIEBSWEGE

Micha und Lukas Beiglböck, www.nahgenuss.at.

werden am Hof abgeholt oder österreichweit per Kühlversand zugestellt. Durch den Direktverkauf und den im Sinne eines „Nose-to Tail" ganzheitlichen Ansatzes bleibt den Biobetrieben mehr Geld. Als zusätzlichen Vorteil erhalten die Bäuerinnen und Bauern – wie die Erfahrung zeigt – wertschätzendes Feedback von Kundinnen und Kunden, die ihrerseits von der Qualität, vom persönlichen Kontakt und nicht zuletzt vom günstigeren Preis profitieren. Bäuerinnen und Bauern müssen als Voraussetzung eine Biozertifizierung und eine Offenheit gegenüber der Direktvermarktung mitbringen. Bei der Erstellung des eigenen Onlineprofils ist „nahgenuss" beratend zu Fotos, Texten und Produkten, damit einem erfolgreichen Onlineauftritt nichts mehr im Wege steht.

Praxisbeispiele von Online-Verkaufsplattformen
www.genuss-region.at – www.genuss-abhof.at
Blick auf die Internetplattform:

https://shop.bio-austria.at
www.myproduct.at
www.bauernkraft.at
www.bauernladen.at
www.markta.at

Praxisbeispiele: Onlineshops von bäuerlichen Direktvermarktungsbetrieben aus den Bundesländern
www.schneiderbauer-gewuerze.at – Oberösterreich
www.biohofpranger.at – Steiermark
www.adamah.at – Niederösterreich
www.derbiobote.at – Kärnten
www.bioschatzkistl.at – Burgenland
www.vitalkisterl.at – Salzburg
www.naturkiste.at – Tirol
http://lisilis.at – Vorarlberg
www.bioradl.at – Wien

4.13 Buschenschank

Unter Buschenschank versteht man den Ausschank von Wein und Obstwein, Trauben- und Obstmost, Trauben- und Obstsaft und selbst gebrannten geistigen Getränken durch Besitzer von Wein- und Obstgärten, soweit es sich um deren eigene Erzeugnisse handelt. Standort kann der Obstgarten oder die Betriebsstätte sein. Der Speisenkatalog, Zukaufbefugnisse für Getränke und Speisen, Anzahl der Sitzplätze, Öffnungszeiten sind in den Bundesländern unterschiedlich geregelt. Verabreichen und Ausschenken unterliegen in diesem Fall jedoch nicht den Bestimmungen der Gewerbeordnung und sind daher ohne Gastgewerbeberechtigung erlaubt. Der Betrieb eines Buschenschanks ist der Gewerbebehörde (Bezirkshauptmannschaft/Magistrat) zu melden.

VERTRIEBSWEGE

> **Tipp:** Die Broschüre „Rechtliches zum Bäuerlichen Buschenschank" steht als Download auf der Website der Landwirtschaftskammer Österreich zur Verfügung.

https://bit.ly/2Wem7b8

4.14 Buschenschankbüfett – freies Gewerbe – ohne Befähigungsnachweis

Kommt ein Buschenschankbetreiber mit den je nach Bundesland unterschiedlich erlaubten Speisen und Getränken nicht aus, kann er in Kombination mit seinem Buschenschank ein freies Gewerbe anmelden. Dieses berechtigt ihn zu einem größeren Speisen- und Getränkeangebot, speziell auch warmen Speisen und Flaschenbier. Es handelt sich hier um ein Anmeldegewerbe ohne Befähigungsnachweis. Die Sitzplatzbeschränkung von acht Verabreichungsplätzen entfällt in diesem Fall und es gelten wieder die Sitzplatzregelungen und Zeitmodelle bzw. Öffnungszeiten der jeweiligen Buschenschankbestimmungen der einzelnen Bundesländer.

4.15 Almbüfett

Land- und Forstwirte dürfen im Rahmen eines Nebengewerbes auf ihrer bewirtschafteten Alm Gäste verpflegen. Betriebe, die im Landesalmkataster eingetragen sind, zählen dazu. Die Verabreichung und der Ausschank selbst erzeugter Produkte sowie der Ausschank von ortsüblichen, in Flaschen abgefüllten Getränken, z. B. Bier, ist ohne Gewerbeberechtigung erlaubt. Die Produktion der eigenen Produkte muss nicht auf der Alm, sondern kann auch vom Betrieb im Tal durchgeführt werden.

4.16 Selbstbedienungsläden – Selbstbedienungshütten

Direktvermarkter erweitern ihren Ab-Hof-Verkauf zunehmend durch Selbstbedienungsläden. Diese befinden sich entweder direkt am Betrieb oder an einem gut frequentierten Ort. Ist der Standort außerhalb des Betriebs, ist mit der Gemeinde zu klären, ob eine Genehmigung erforderlich ist. Auf ausreichend befestigten Parkplatz, Wendemöglichkeit und Beleuchtung ist zu achten.

Kunden und Kundinnen schätzen es, ungeachtet von Öffnungszeiten rund um die Uhr jetzt auch bäuerliche Produkte einkaufen zu können. Für den Direktvermarkter verringert sich der Zeitaufwand für den Verkauf. Arbeitszeit für Befüllung und Reinigung bleiben. Was fehlt, ist der Kundenkontakt und damit das direkte Feedback des Kunden. Es ist darauf zu achten, dass Lebensmittel hygienisch zum Verkauf angeboten werden und die Etikettierung der verpackten Produkte vorschriftsmäßig erfolgt. Bei offener Ware ist auf den Allergenhinweis zu achten.

Die Investitionskosten sind abhängig vom Laden/Hütte und dessen/deren Ausstattung, die vom Laden bis zur Gartenhütte reicht. Einfache Regalausstattung und eine fest montierte Kassa mit Schreibgelegenheit bis hin zu Kühlschränken, Beleuchtung, Bewegungsmelder, Automaten, Videoüberwachung und Kassensystemen erfordern unterschiedlich hohe Investitionen. Selbstbedienungsläden, die der Kunde nur mit Chip betreten kann, schützen Läden/Hütten eher vor Diebstahl und Vandalismus. Chipsysteme für Kunden, die der Kunde mit Geld „aufladen" kann, ermöglichen einen bargeldlosen Einkauf. Hier besteht wieder Kundenbindung.

Die Genusshütte der Familie Pobaschnig in Kärnten, www.krappfeldereis.at/genusshütte.

VERTRIEBSWEGE

4.17 ABO-KISTEN

Abo-Kisten sind bei Kunden im Bereich Gemüse/Obst sehr beliebt. Sie sind mit einem längerfristigen „Liefervertrag" zwischen Produzenten und Endkonsumenten vergleichbar. In der Regel bestellt der Kunde, meist online, bis zu einem bestimmten Wochentag seinen Bedarf. Ebenfalls an einem im Voraus bestimmten Tag wird geliefert. Die Verrechnung erfolgt idealerweise vorab und bargeldlos. Vorteil dieses Vertriebsweges ist die bessere Planbarkeit der Absatzmenge und die „gebündelte" Zeit der Zustellung, damit wird in Summe Zeit gespart. Ideal ist, wenn der Produzent über eine breite Palette an Obst/Gemüse oder über Verarbeitungsprodukte verfügt, da damit die Attraktivität des Angebots und die Kundenbindung steigt.

VERTRIEBSWEGE

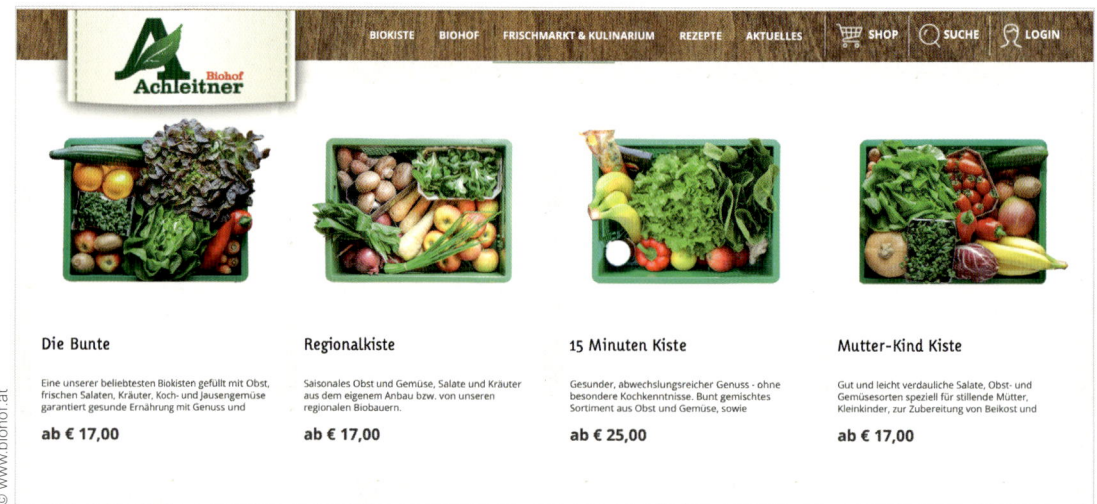

Ein kleiner Einblick in das Biokisten-Angebot von www.biohof.at.

Ein Pionier auf diesem Gebiet ist die Achleitner Biohof GmbH in Eferding/OÖ.
https://www.biohof.at/biokiste

Vetterhof aus Lustenau Vlbg:
https://www.vetterhof.at/gemuesekiste.html

Kirchgatterer aus Ohlsdorf OÖ MIKIS VITALBOX:
http://www.gemuese-kirchgatterer.at/mikis-gemuesekiste

Salzkammergut Gemüsekiste –
https://salzkammergut.gemuesekiste.at/angebot.html

Gemüsekiste aus dem Murtal, Steiermark –
www.bauernkraft.at

4.18 Automatenverkauf

Automaten erfreuen sich beim Kunden zunehmender Beliebtheit – auch für den Einkauf bäuerlicher Lebensmittel. Einkauf rund um die Uhr ist möglich!

Einerseits fehlt jedoch beim Automatenverkauf der direkte Kontakt zum Kunden, andererseits schätzen Kunden die zusätzliche Einkaufsmöglichkeit, bei der sie keine Rücksicht auf Öffnungszeiten nehmen müssen. Erfahrungen zeigen, dass Kunden, die bäuerliche Produkte schätzen, den Automateneinkauf jedoch im Hofverbund bevorzugen. Hier kann auch ohne Verkaufsgespräch der Bezug zur Produktion nachvollzogen werden. Der Schafkäse im Automaten, im Sichtbereich der Schafstall bzw. der Kunde sieht die Schafe auf der Wiese. Der Standort für den Klassiker unter den Automaten, den „Milchautomaten", muss gut gewählt werden. Hygiene ist hier oberstes Gebot! Bei der Anschaffung eines Automaten ist auf dessen Betriebssystem (z. B. Lift-Drehteller-Automat ...) zu achten. Ausschlaggebend für die Kaufentscheidung sind die Produkte, deren Verpackung und ob eine Kühlung sowie unterschiedliche Kühlzonen erforderlich sind. Der Automat muss den hygienischen Anforderungen des zu verkaufenden Produkts angepasst sein und auch das „Automatenumfeld" muss sauber sein. – Achtung vor Ungeziefer und Kontamination! Er soll wettergeschützt aufgestellt

Automatenverkauf direkt am Hof der Familie Strobl, Mondsee / OÖ, www.aubauernhof-mondsee.at.

werden und der Verkaufsplatz soll über ausreichend Parkplatz mit Wendemöglichkeit verfügen. Für nächtliche Einkäufer stellt gute Beleuchtung (Bewegungsmelder) ein Sicherheitsfaktor dar.

4.19 Bauernecken – Regionale Regale im Geschäft – Shop in Shop

In der Praxis gibt es verschiedenste Kooperationen von Direktvermarktern mit dem Kaufmann im Ort, dem Lagerhaus oder dem Supermarkt. Jede dieser Kooperationen erweitert das Produktsortiment des Lebensmittelhändlers und steigert dadurch die Attraktivität für den Kunden. Dieser kann ohne zusätzlichen Zeitaufwand regionale Produkte/Spezialitäten der Direktvermarkter einkaufen. Es profitieren der Kunde, der Handel und der Direktvermarkter, dessen Bekanntheitsgrad steigt und er dadurch auch „Neukunden" gewinnen kann. Die Erfahrung zeigt, dass diese Kooperationen besonders erfolgreich sind, wenn sie von beiden Seiten ambitioniert betrieben werden. Ansprechende Präsentation der regionalen Produkte in einem gut von den anderen Waren abgegrenzten Geschäftsbereich, breites Angebot sowie saisonale Angebote und eine gute Platzierung im Geschäft sind Erfolgsfaktoren.

Da hier der Kontakt zum Kunden fehlt, ist besonderes Augenmerk auf Produkt, Produktverpackung und Präsentation zu legen. Infomaterial wie z. B. Betriebsfolder „mildern" die Anonymität des Betriebs. „Gutes vom Bauernhof", ein Qualitätsprogramm der Landwirtschaftskammer Österreich für Direktvermarkter, erleichtert oft die Zusammenarbeit mit dem Handelspartner, da dieser auf kontrollierte Qualität vertrauen kann.

@ www.gutesvombauernhof.at

4.19.1 Praxisbeispiel der Bauernecke im Lagerhaus Rohrbach/OÖ

Hier werden in einem eigens dafür bestimmten und als Bauernecke ausgewiesenen Geschäftsbereich ausschließlich Produkte von bäuerlichen Produzenten ansprechend präsentiert. Der Kunde erkennt sofort die „regionalen Produkte" der Direktvermarkter. Die Besonderheit ist, dass der Vertragspartner – in diesem Fall das Lagerhaus – festhält, dass jeder

VERTRIEBSWEGE

Bauernecke im Lagerhaus Rohrbach.

Direktvermarkter Eigentümer seiner Waren bleibt und eine Vermischung und Vermengung mit anderen Waren im Geschäft nicht stattfindet. Der Kunde erkennt dies am Beleg – hier scheint der Name des Direktvermarkters als „Verkäufer" auf. Zur reibungslosen Abwicklung haben sich die Direktvermarkter zu einem Verein zusammengeschlossen.

4.20 Gastronomie – Belieferung

Jeder Land- und Forstwirt ist ohne besondere Bewilligung berechtigt, seine eigenen Urprodukte und be- und verarbeiteten Produkte an einen Gastronomiebetrieb zu liefern. Die Einhaltung der Hygieneauflagen, dokumentiert im Rahmen des verpflichtenden Eigenkontrollsystems des Direktvermarkters, ist Voraussetzung. Gastronomiebelieferung sichert größere, meistens gut planbare Absatzmengen und spart Verkaufszeiten. Lieferverlässlichkeit und gleichbleibend gute Qualität sind Voraussetzung für eine dauerhafte Geschäftsbeziehung. Besondere Nachfrage besteht in Tourismusgebieten und gehobener Gastronomie, die die Herkunft der regionalen, hochwertigen Lebensmittel auf ihrer Speisekarte ausloben und sich so von ihren Mitbewerbern abheben. Für den Direktvermarkter bietet dieser „Speisekarte-Werbeeffekt" die Chance für Neukunden.

Verhandlungsgeschick und eine fundierte Preiskalkulation seitens des Direktvermarkters sind erforderlich.

Menüplan der Landwirtschaftskammer Linz — 3. Juni bis 7. Juni 2019

Montag
Rindsuppe mit Einlage € 1,90
Rippenfleisch: Fleischhauerei Malzner
Gebackenes Putenschnitzerl mit Butterreis und Salat € 6,90
Pute: Hubers Henderl Salat : Gemüsebauer Hofer Karl, Poxham
Gnocchi mit Tomaten-Gemüse-Sauce und Salat € 5,90
Gemüse, Salat: Gemüsebauer Hofer Karl, Poxham

Dienstag
Spargelcremesuppe € 1,90
Spargel: Biohof Berner Pupping
Steirisches Wurzelfleisch mit Salzerdäpfel € 6,90
Schweinefleisch: Ham &Louis, AMA Gütesiegel
Gemüse, Erdäpfel: Gemüsebauer Hofer Karl, Poxham
Cremepolenta mit Grillgemüse und Feta dazu Salat € 5,90
Salat, Gemüse: Gemüsebauer Hofer Karl, Poxham

Mittwoch
Rindsuppe mit Nudeln € 1,90
Rippenfleisch: Fleischhauerei Malzner
Erdäpfel-Lachs-Gratin dazu Schnittlauchdipp und Salat € 6,90
Erdäpfel, Salat: Gemüsebauer Hofer Karl, Poxham
Milchprodukte: Schärdinger, AMA Gütesiegel
Vegetarisches Chilli mit Weißbrot und Salat € 5,90
Brot: Troadbäckerei Fenzl
Salat: Gemüsebauer Hofer Karl, Poxham

Donnerstag
Rahmsuppe mit Brotwürferl € 1,90
Milchprodukte: Schärdinger, AMA Gütesiegel, Brot: Troadbäckerei Fenzl
Rindsgulasch mit Spätzle und Salat € 6,90
Rindfleisch: fleischhauerei Malzner, Hirschbach , Salat: Hofer Karl, Poxham,
Reisauflauf mit Erdbeersauce € 5,90
Erdbeeren: aus Eferding

Freitag
Tagessuppe € 1,90
Schweinebraten mit warmem Krautsalat und Erdäpfelknödel € 6,90
Schweinefleisch: Ham &Louis, AMA Gütesiegel
Kraut: Hofer Karl, Poxham,
Ravioli mit Spargelsauce dazu Salat € 5,90
Spargel: Biohof Berner Pupping, Salat:Hofer Karl, Poxham

Liebe Gäste in unseren Speisen befinden sich Allergene. Falls sie davon betroffen sind und Informationen benötigen fragen sie unsere Mitarbeiter. Diese wurden ausreichend geschult und können ihnen gerne Auskunft geben

Von 13:00 bis 13:30 Uhr bieten wir Ihnen die Speisen zu folgenden Preisen zur Mitnahme an.
Cremesuppe € 1,90
Klare Suppe € 1,50

Speise 1 € 4,50
Speise 2 € 3,50
Solange der Vorrat reicht!

© www.seminarhaus-gugl.at

4.20.1 Praxisbeispiel Gemeinschafts-Verpflegungseinrichtung des „Seminarhauses auf der Gugl" der Landwirtschaftskammer OÖ

„Beim Einkauf achten wir sehr auf Regionalität und Saisonalität. Wo es aufgrund der großen Mengen – wir kochen täglich für ca. 400 Personen – möglich ist, beziehen wir unsere Produkte direkt von bäuerlichen Betrieben.

Die Herkunft der Lebensmittel ist auf dem Menüplan für unsere Mittagsgäste klar ersichtlich. Logistisch bedeutet dies zwar einen Mehraufwand, der Wareneinsatz ist jedoch speziell bei Beachtung der Saisonalität sogar etwas geringer.

Uns ist es als „Verpflegungseinrichtung" der Landwirtschaftskammer OÖ besonders wichtig, auf die Herkunft und Qualität der verwendeten Lebensmittel zu achten", schildert Küchenleiter Kristian Barac. Der wöchentliche Menüplan ist auf der Website des Seminarhauses www.seminarhaus-gugl.at einsehbar.

4.21 Lieferung an Einzelhandel/Großhandel

Auch für diesen an Bedeutung zunehmenden Vertriebsweg gilt, dass jeder Land- und Forstwirt ohne besondere Bewilligung berechtigt ist, seine eigenen Urprodukte und be- und verarbeiteten Produkte zu verkaufen. **Achtung bei Verkauf an Großhandel:** Bei einigen Produkten ist jedoch bei Verkauf an den Großhandel eine Zulassung des Betriebs Voraussetzung. Dies ist z. B. bei Verkauf von Milchprodukten an den Großhandel der Fall. Dazu gibt es die Einreichunterlage zur „Zulassung als Milchverarbeitungsbetrieb und Zuteilung einer Zulassungsnummer".[6]

Ebenso ist bei Verkauf von Fleisch und Fleischerzeugnissen an den Großhandel eine Zulassung des Betriebs erforderlich; der Antrag ist bei der Bezirkshauptmannschaft zu stellen.

https://bit.ly/2Kl4ukp

> Bevor dieser Vertriebsweg gewählt wird, ist es sinnvoll, die rechtlichen Voraussetzungen genau abzuklären, damit es zu keinen bösen Überraschungen kommt. Die Landwirtschaftskammer unterstützt Sie dabei beratend.

Preisverhandlungen: Besonders gute Vorbereitung für das Preisverhandlungsgespräch mit dem Kooperationspartner „Handel" ist wichtig. Empfohlen wird, im Vorfeld eine Produktpreiskalkulation durchzuführen, um zu wissen, welcher Verkaufspreis einerseits alle Kosten deckt und anderseits noch einen Gewinn bringt. Dazu ist die Kenntnis über die kurz-, mittel- und langfristige Preisuntergrenze der Produkte – siehe Kapitel Produktpreiskalkulation – Basis für das Verkaufsgespräch.

4.22 Catering

Jeder Land- und Forstwirt ist ohne besondere Bewilligung berechtigt, seine eigenen Urprodukte sowie be- und verarbeiteten Produkte mittels „Catering" zu verkaufen. Werden auch fremde Produkte veräußert, ist ein Handelsgewerbe anzumelden. Diese Form des Catering unterscheidet sich von den typischerweise von Gastgewerbebetrieben angebotenen wie folgt:
- Bloße Zustellung von selbst hergestellten Speisen (z. B. Bratenstück im Ganzen und nicht aufgeschnitten) und Getränken
- Keine Dienstleistungen (z. B. Aufbau des Büfetts, Nachlegen, Abräumen …)
- Kein Überlassen von Geschirr, Besteck, Gläser …
- Wenn Speisen im Rahmen der häuslichen Nebenbeschäftigung hergestellt werden, dürfen hier nur Mitglieder des eigenen Hausstands als Hilfskräfte eingesetzt werden.

Werden diese Rahmenbedingungen nicht eingehalten, ist ein Gastgewerbe mit allen gewerbesteuer- und sozialrechtlichen Konsequenzen anzumelden.
@ www.gruenderservice.at

4.23 Schulmilch/ Schulobst

Die EU möchte Kinder in der Phase, in der ihre Essensgewohnheiten geprägt werden, für gesunde Ernährung sensibilisieren. Deshalb wird die Bereitstellung von Milch, Milchprodukten, Obst und Gemüse europaweit gefördert. Basis dafür ist das EU-Schulprogramm, das nach klaren Vorgaben abläuft. Die Produkte dürfen nicht gekocht werden und die üblichen Schulmahlzeiten nicht ersetzen. Zudem sollen sie nach Kriterien wie Regionalität und Saisonalität sowie unter Bevorzugung der eigenen Region als Herkunftsort ausgewählt werden.
@ https://www.ama.at/Fachliche-Informationen/Schulprogramm/
@ www.rund-um-schulmilch.at

Bäuerliche Direktvermarkter haben dies als Chance gesehen und sich auf die Produktion von „Schulmilchprodukten" und die Belieferung von Obst und Gemüse an Kindergärten und Schulen spezialisiert. Besonders herausfordernd ist es für die ca. 100 Schulmilchbauern und Schulmilchbäuerinnen in Österreich, die Milcherzeugnisse an die strengen Vorgaben des EU-Schulprogramms anzupassen. Die Erzeugnisse sind nach genauen Vorgaben zuckerreduziert, und es dürfen ihnen weder Salz, koffeinhaltiger Kaffee oder Kaffeeauszug, Fett, Süßungsmittel oder Geschmacksverstärker zugesetzt werden. Produktion, großteils tägliche Belieferung, umfangreiche Dokumentationen, Diskussionen um Milch generell und Zuckergehalt im Speziellen sowie nachhaltige Verpackungslösungen stellen die Schulmilchbauern vor große Herausforderungen. Aus zeitökonomischen Gründen nimmt der Automatenverkauf in den Schulen zu.

Schulmilchbetriebe müssen als bäuerlicher Milchverarbeitungsbetrieb zugelassen sein, das heißt, sie müssen mittels eigenen Einreichunterlagen
@ https://www.gutesvombauernhof.at/intranet/produkte/milch-und-milcherzeugnissen/zulassung.html

bei der Lebensmittelaufsicht um Zulassung ihres Betriebs ansuchen und unterliegen damit verstärkten Kontrollen seitens der Lebensmittelaufsicht und der AMA (Agrarmarkt Austria).

VERTRIEBSWEGE

Schulmilch schmeckt! Besonders, wenn sie direkt vom Schulmilchbauern aus der Region kommt.

Die Produktpalette reicht vom klassischen Kakao, reiner Milch, Naturjoghurt, Buttermilch, Fruchtmilch, Fruchtjogurt bis hin zu Joghurtdrinks.

Literaturnachweis:

Bäuerliche Direktvermarktung von A bis Z. LK und LFI Österreich, Gottfried Holzer – Bäuerliche Direktvermarktung, Broschüre Vertriebswege – Landwirtschaftskammer OÖ.

Quellen:

[1] https://www.gutesvombauernhof.at/uploads/pics/Oesterreich/ChanceDV/PB_Chance_DV-Studie_Berichtsband-Charts_20160606.pdf
[2] http://videos.klimaschutzpreis.at/bio-selbsterntegaerten-projekt-morgentaugaerten
[3] https://ooe.lko.at/media.php?filename=download%3D%2F2016.01.21%2F145337136657531.pdf&rn=Informationsbrosch%FCre_Mietg%E4rten_-_Gem%FCse_zum_Selberernten_.pdf
[4] http://www.ernährungssouveränität.at/wiki/CSA-Betriebe_und_Initiativen_in_Österreich
[5] Video: Mitglieder berichten über ihre Beweggründe: https://www.gueterwege.at/aktuelles/202-video-mitglieder-ueber-ihre-beweggründe
[6] https://www.gutesvombauernhof.at/uploads/media/intranet/Milch/Rechtliches/Einreichunterlage_Milch_040210.pdf

VERTRIEBSWEGE

Arbeitsaufgaben:

Beschreibe Vor- und Nachteile von drei Vertriebswegen

Vertriebsweg	Vorteile	Nachteile

Entscheidung fällt mit folgender Begründung auf Vertriebsweg: _____

Begründung: _____

Für welchen Vertriebsweg braucht man ein Gewerbe? Nenne 2 Beispiele.

Vertriebsweg	Gewerbeart	Anzusuchen bei

Der Vertriebsweg Foodcoops ist einer der alternativen Vertriebswege, der in dieser Aufgabe genau durchleuchet wird.

Vertriebsweg Foodcoops	Aspekte	Beurteilung, Interpretation
Nutzen		
Chancen für Direktvermarkter		
Chancen für Konsumenten		
Gefahren		

VERTRIEBSWEGE

In der Nachbargemeinde besteht der Wunsch, einen Bauernmarkt zu gründen. Dazu wurden Interessierte zu einer Besprechung eingeladen.

Was ist hinsichtlich nachstehender Aspekte zu beachten?

Produkte, Produktpalette	
Anzahl der Anbieter	
Marktzeiten	
Marktauftritt (Stände, Schirme)	
Verantwortlichkeiten	
Rechtsform	
Marketing	
Zusätzliche Aktivitäten	
Bauernmarkteröffnung	

Nach allen diesen Überlegungen kann an die Gründung eines Bauernmarkts herangegangen werden, weil (Aufzählung von fünf wichtigen Aspekten aus den Ergebnissen der Tabelle):

Erarbeitung eines Kundenfragebogens mit offenen Fragen:

Beispielsfragen könnten sein:
- Das Produktangebot des Bauernmarkts stellt mich zufrieden, weil …
- Ich wünsche mir für den Bauernmarkt noch folgende Produkte:
- Für mich wären folgende Öffnungszeiten optimal:
- Was schätzen Sie beim Einkaufen am Bauernmarkt besonders?
- Wie oft besuchen Sie diesen Bauernmarkt?
- ………

Zusammenfassen der jeweiligen Antworten nach der Häufigkeit der Nennungen.

Antworten zu den gestellten Fragen analysieren und wenn erforderlich Verbesserungsvorschläge erarbeiten.

Tipp: Dieser Fragebogen könnte auch online mit einem kostenlosen Programm von Google erstellt werden. Der Fragebogen kann direkt auf https://www.google.com/forms/about/ (Formulare leicht gemacht) erstellt werden. Auswertung und grafische Darstellung der Ergebnisse erfolgt automatisch. Die Befragung könnte daher mittels Tablet oder Laptop vor Ort durchgeführt werden.

Bei der Formulierung der Fragen ist auf die Auswertbarkeit und die Art der Frage zu achten – offene oder geschlossene Frage. Geschlossene Fragen eignen sich z. B. für die Abfrage von idealen Öffnungszeiten.

Sensorische Prüfung bei einer Brotverkostung

5 Qualitätssicherung

Grundkompetenzen

- Den Begriff Lebensmittelhygiene beschreiben.
- Die Reinigung und Desinfektion eines Verarbeitungsraums erklären.
- Den Wert eines Qualitätsprogramms (Gutes vom Bauernhof oder BIO AUSTRIA Direktvermarktung) beschreiben.
- Die Eigenkontrolle und die Fremdkontrolle durch die Behörde vergleichen.
- Die Grundsätze der Personalhygiene herausarbeiten.

Erweiterte Kompetenzen

- Die Aspekte einer umfassenden Lebensmittelhygiene analysieren und mit dem Istzustand für einen Verarbeitungsraum an der Schule oder am eigenen Betrieb vergleichen bzw. überprüfen.
- Einen Reinigungs- und Desinfektionsplan laut Vorlage für einen Verarbeitungsraum in der Schule oder am eigenen Betrieb erstellen.
- Den Sinn und Wert von betrieblichen Produktuntersuchungen erörtern und mit der Wirksamkeit der behördlichen Untersuchungen vergleichen.

5.1 Aufbau eines Eigenkontrollsystems

Auszug aus der Broschüre Bäuerliche Direktvermarktung von A–Z der Landwirtschaftskammer Österreich/LFI Österreich (Herausgeber)[1]

Jeder, der mit Lebensmitteln zu tun hat, ist „Lebensmittelunternehmer" und in seinem Bereich für die Sicherheit der Produkte verantwortlich – von der Primärproduktion bis zur Abgabe an den Endverbraucher. Es dürfen nur „sichere Lebensmittel" in den Verkehr gebracht werden. „Nicht sicher" heißt gesundheitsschädlich oder für den Verkehr ungeeignet. Lebensmittel müssen im Krisenfall rückverfolgt werden können durch Ermittlung der Lieferanten und Abnehmer. Davon ausgenommen ist die Ermittlung der einzelnen Endverbraucher.

Jeder Direktvermarkter ist Lebensmittelunternehmer und für die Sicherheit der von ihm in Verkehr gebrachten Lebensmittel verantwortlich.

Als Beitrag zur Lebensmittelsicherheit zählt die Umsetzung eines betrieblichen Eigenkontrollsystems. Das heißt, der Betrieb muss für seinen Betrieb ein Eigenkontrollsystem etablieren. Die Leitlinien stellen ein Hilfsmittel für ein derartiges Eigenkontrollsystem dar (Details unter L wie Leitlinien). Damit die geltenden Vorschriften noch genauer auf den tatsächlichen Bedarf für Direktvermarkter abgestimmt sind, wurden Handbücher zur Umsetzung des Eigenkontrollsystems erstellt. Diese sind bei den Landwirtschaftskammern erhältlich oder stehen unter www.hygiene-schulung.at bzw. auch unter www.gutesvombauernhof.at zur Verfügung.

Der Landwirt ist mit seiner Urproduktion bzw. Be- und Verarbeitung Lebensmittelunternehmer und mit seiner LFBIS-Nummer automatisch als Lebensmittelunternehmer behördlich als dieser registriert. Im „Handbuch zur Eigenkontrolle für bäuerliche Betriebe, die mit Lebensmitteln umgehen", ist von der LK und LFI Österreich genauestens ausgeführt, bis zu welchem Status bzw. für welche Produkte diese Registrierung ausreichend ist bzw. ab wann eine Zulassung des Betriebs erforderlich ist. Beispiele dafür sind u. a. das Schlachten von Schweinen am eigenen Betrieb oder die Herstellung von pasteurisierter Trinkmilch, wie im Kapitel Produktion beschrieben.

Eigenkontrolle muss auch insofern im eigenen Interesse liegen, um neben den oben genannten Aspekten auch keinen wirtschaftlichen Schaden zu erlangen. Einerseits durch den Verderb bzw. die Rückholung der Produkte, andererseits ist mit hohen Strafen zu rechnen, wenn die Schuld beim Produzenten liegt.

Die landwirtschaftlichen Produzenten zeigen aus Eigeninteresse größtes Bemühen, ihre Urprodukte entsprechend fachgerecht zu lagern oder frische Produkte hygienisch einwandfrei zu verarbeiten. Denn die Urprodukte sind das Kapital, mit dem die Produzenten arbeiten. Ohne diesen sorgsamen Umgang würde das wichtigste Kapital für die Be- und Verarbeitung verloren gehen.

5.1.1 Lebensmittelhygiene

Laut Definition der WHO, 1968, bedeutet Lebensmittelhygiene Folgendes: „Lebensmittelhygiene umfasst Vorkehrungen und Maßnahmen, die bei der Herstellung, Behandlung, Lagerung und dem Vertrieb von Lebensmitteln notwendig sind, um ein einwandfreies, gesundes und bekömmliches Erzeugnis zu gewährleisten, das für den menschlichen Genuss tauglich ist."

Eine entsprechende Lebensmittelhygiene …
- sichert die Lebensmittelqualität (produktspezifischer Geschmack, Geruch);
- schützt vor Krankheiten, die durch Lebensmittel übertragen werden können;
- schützt vor Lebensmittelvergiftung;
- verbessert die Haltbarkeit der Produkte;
- verursacht keine Verluste durch verdorbene Produkte;
- schafft mehr Vertrauen der Konsumenten, weniger Reklamationen;
- verursacht keinen Ärger mit der Lebensmittelaufsicht.

Zur Lebensmittelhygiene gehören:
- Erfüllung und Instandhaltung räumlicher und technischer Voraussetzungen
- Richtige Einrichtung und Ausstattung der Räume sowie deren Instandhaltung
- Grundkenntnisse der Mikrobiologie
- Sachgerechte Reinigung, Desinfektion und Schädlingsbekämpfung
- Personalhygiene
- Arbeitshygiene (Gute Herstellungspraxis nach HACCP-Grundsätzen)

Mikroorganismen (Keime) sind Kleinstlebewesen, die nur im Mikroskop erkennbar sind. Mikroorganismen kommen überall vor, d. h. auch auf Lebensmitteln und können dort erwünscht, aber auch unerwünscht sein.

- **Erwünschte bzw. nützliche Mikroorganismen** sind Milchsäure-, Propionsäure-, Essigsäure-, Rotschmierebakterien (Sauerkraut, Sauerteig, Joghurt, Käse, Essig usw.), Hefen (Brot- und Backhefe, Bierhefe, Essig, etc.), Schimmelpilze für die Reifung von Wurst und Käse (z. B. Salami, Camembert).
- **Unerwünschte Mikroorganismen** (Schadkeime) verderben Lebensmittel. Sie bewirken Geschmacksfehler und den Verderb der Produkte durch Fett- und Eiweißzersetzung, Gärung oder Gasbildung usw. und vermindern die Qualität und Haltbarkeit (Fäulnis, Schimmelbildung, Farbveränderung etc.).
- **Krankheitserreger** (pathogene Keime wie Salmonellen, Listerien, *Campylobacter, E. Coli* etc.) führen zu Gesundheitsschädigungen (z. B. Infektionskrankheiten), Lebensmittelvergiftungen (Symptome: Durchfall, Erbrechen, Übelkeit, Bauchschmerzen, Fieber etc.).

Die Verhinderung der Vermehrung von Mikroorganismen erfolgt daher durch Kühlung, Säuerung, Trocknung und insbesondere Reinigung und bei Bedarf Desinfektion. Hygiene funktioniert, wenn alle im Betrieb nach den gleichen Regeln arbeiten.

Lebensmittelhygiene umfasst alle Bereiche der Lebensmittelproduktion. Diese geht weiter über die Kühl- und Gefrierräume bis hin zur Verpackung, Lagerung der fertigen Produkte und beim Verkauf bzw. des Fahrzeuges für die Anlieferung. Nicht zu vergessen ist dabei auch die Personalhygiene in der Verarbeitung und im Verkauf.[2]

Dazu sind im „Handbuch zur Eigenkontrolle" und in den Leitlinien Formularvorlagen zu finden bzw. herunterzuladen, die bei der Umsetzung des Eigenkontrollsystems für den eigenen Betrieb helfen.

5.1.2 Personalhygiene[3]

In der Direktvermarktung kann Personalhygiene, obwohl es eine Selbstverständlichkeit sein soll, durch das Naheverhältnis z. B. zum Stall eine besondere Herausforderung darstellen.

Jeder Mensch/jede Person sollte vom Grundsatz ausgehen, dass er sich in Sachen Hygiene zumindest derart verhält, wie er/sie es von anderen erwartet.

Als Beschäftigte/r in einem lebensmittelverarbeitenden Betrieb sind Sie verpflichtet, ein besonders hohes Maß an Hygiene zu erfüllen und einzuhalten. Der persönliche Auftritt in der Verarbeitung und im Verkauf bzw. bei Verkaufsgesprächen ist sehr oft auch ein Hinweis auf die Produktqualität.

Wesentliche Aspekte in Sachen Personalhygiene sind:

- Gesundheit hinsichtlich Infekten usw.
- Verletzungsfrei oder bei Verletzung (z. B. Finger-Schnittwunde) mit entsprechendem Schutz arbeiten
- Vorgeschriebene Schutzkleidung immer tragen
- Saubere Arbeits-/Schutzkleidung (Kettenhandschuh bzw. -schürze) und Haarschutz tragen
- Generelle Körperhygiene und Sauberkeit
- Schmuckfrei
- Handdesinfektion vor Arbeitsbeginn
- Reinigung und Desinfektion bei Bedarf während der Arbeitsprozesse
- Reinigung und Desinfektion der Hände nach jedem WC-Besuch
- Reinigung nach jeder Arbeitsunterbrechung (Essen, Kundengespräch usw.)
- Schuh-/Arbeitskleidungswechsel beim Raumwechsel vom reinen in den unreinen Bereich

Es gibt auch eine eigene Leitlinie mit den Anforderungen an das Personal in der Lebensmittelverarbeitung. Das Personal ist nicht nur für die Produktion laufend zu schulen, sondern auch in Hinblick auf Hygiene. Dazu gibt es im „Handbuch zur Eigenkontrolle für bäuerliche Betriebe" für Personen, die mit Lebensmitteln umgehen, unter Anhang I genaue Anweisungen bis hin zur „Schriftlichen Belehrung", die der Mitarbeiter unterschreiben muss.

5.1.3 Reinigen und Desinfizieren

Reinigen und Desinfizieren sind untrennbar miteinander verbunden und erfolgen, wenn erforderlich, nacheinander. Zuerst wird planmäßig eine gründliche Reinigung durchgeführt und der gesamte Schmutz entfernt. Anschließend erfolgt die fachgerechte Desinfektion der Räumlichkeiten oder Arbeitsflächen.

Durch Reinigung und Desinfektion werden nicht nur sichtbarer Schmutz und Schmutzansammlungen entfernt, sondern auch:

- Lebensmittel vor Verschmutzung geschützt
- Brutstätten für Bakterien beseitigt
- Infektionsquellen entfernt
- Infektionsketten unterbrochen
- mögliche kleine Mängel (offene Fliesenfugen etc.) entdeckt und ausgebessert.

Die Reinigung und Desinfektion folgt Schritt für Schritt

1. Vorreinigung

Gröbere Verschmutzungen werden nass oder trocken entfernt und sollten so wenig wie möglich in die Luft gelangen, weshalb alles nur gewischt, vorgespült oder geschoben wird.

2. Reinigung

Manuelle Reinigung erfolgt durch Schwämme oder Bürsten, Niederdruckreiniger oder mit der 2-Eimer-Methode.

Chemische Reinigung erfolgt durch den Einsatz von Reinigungsmitteln, die der Anleitung entsprechend richtig dosiert und angewendet werden müssen.

Wasser ist für eine Reinigung unerlässlich und dient neben der Reinigung auch zum Nachspülen, um Reste von Verschmutzungen und Reinigungsmitteln zu entfernen.

QUALITÄTSSICHERUNG

Muster eines Reinigungs- und Desinfektionsplans					
Räume, Transportfahrzeuge	Mittel und Konzentration	Temperatur und Einwirkzeit	Häufigkeit der Anwendung	Anmerkungen
Fliesen, Fußböden, Türen, Roste, Abläufe	Reinigungsmittel		Nach Arbeitsende	Reste entfernen, bei Bedarf Desinfektion, trocknen und lüften
Decken, obere Wände	Reinigungsmittel		Bei Bedarf	Reste entfernen, achten auf Schmutz-, Staubansammlungen, Schimmel
Geschirr, Arbeitsgeräte, Kleingeräte	Heißwasser, Reinigungsmittel		Je nach Arbeitsablauf, unbedingt nach Arbeitsende	Möglichst maschinell bei ungefähr 65 °C
Arbeitsflächen	Reinigungsmittel		Nach jedem Arbeitsende	
Einrichtungen wie Spüle, Waschbecken, Ausguss	Heißwasser, Reinigungsmittel		Bei Bedarf	
Schankanlage, Vitrine	Reinigungsmittel, Desinfektionsmittel		Täglich bzw. nach jeder Verwendung	Reste entfernen
Kühlräume, Kühlschränke	Reinigungsmittel, Desinfektionsmittel		Nach Entleerung, mindestens 1-mal wöchentlich	
Tiefkühlräume und Kühllager	Trocken- oder Nassreinigung (je nach Bedarf)		Bei Bedarf	
Transportfahrzeuge	Heißwasser, Reinigungs- und Desinfektionsmittel		Bei Bedarf	

Datum: _____   Unterschrift: _____

Nach: Handbuch zur Eigenkontrolle für bäuerliche Betriebe, die mit Lebensmitteln umgehen, Seite 17, Landwirtschaftskammern Österreich[4]

Eventuell mit sauberen trockenen Tüchern (Reinigung nach jeder Verwendung) oder noch besser mit Einwegtüchern nachwischen.

3. Trocknung
Vor der Desinfektion der Räume bzw. Oberflächen müssen diese zuerst trocknen.

4. Desinfektion
Die Desinfektion erfolgt genau nach Anwendungsvorschriften des verwendeten Produkts. Desinfektionsmittel auf Alkoholbasis haben den Vorteil, dass diese nicht nachgespült werden müssen.

5. Nachspülen
Dies erfolgt mit Wasser (Trinkwasser) und muss bei chemischen Produkten in der Reinigung und Desinfektion unbedingt erfolgen.

5.1.4 Schädlingsbekämpfung
Schädlingsbekämpfung ist für die Betriebshygiene und für alle Produkte äußerst wichtig. Notwendig sind geeignete Maßnahmen, die verhindern, dass Schädlinge in den Betrieb eindringen und sich ausbreiten können.

Schädlinge und Haustiere sind hinsichtlich Hygiene eine große Gefahr und ein Eindringen in die Be- und Verarbeitungsräume ist unbedingt zu verhindern. Es sind laufend und regelmäßig Maßnahmen gegen Flug- bzw. Kriechinsekten und Nager zu ergreifen. Die regelmäßigen Maßnahmen bzw. Kontrollen sind im Schädlingsbekämpfungskontrollblatt einzutragen und dienen einerseits als Teil der Eigenkontrolle, andererseits bemerkt man selbst bereits den geringsten Schädlingsbefall.

Gefahrenstellen sind meist Mauerdurchbrüche für Installationen oder auch die Abflüsse. Fliegengitter sind auf eine korrekte undurchlässige Anbringung zu kontrollieren.

Eine Hilfe zur regelmäßigen Kontrolle stellt das Kontrollblatt zur Schädlingsbekämpfung dar.

5.1.5 Umgang mit Lebensmitteln und eine gelebte, gute Hygienepraxis

Die **Grundsätze des HACCP** – Gefahrenanalyse und kritische Kontrollpunkte, auch Gefahrenanalyse und kritische Lenkungspunkte (engl. *h*azard *a*nalysis and *c*ritical *c*ontrol *p*oints, Abkürzung HACCP) – sind ein Qualitätswerkzeug, das für die Produktion von und den Umgang mit Lebensmitteln konzipiert wurde. Es ist klar strukturiert und auf vorbeugende Maßnahmen ausgerichtet. Das Konzept dient der Vermeidung von Gefahren, die im Zusammenhang mit Lebensmitteln zu einer Erkrankung oder Verletzung von Konsumenten führen können. Diese Grundsätze gelten für alle lebensmittelverarbeitenden Betriebe bei der Erstellung des Eigenkontrollsystems.[5]

Dieser Bereich ist im Kapitel Produktion am Beispiel Milch dargestellt (s. S. 34).

Kontrollblatt zur Schädlingsbekämpfung					
Regelmäßige Maßnahmen gegen Flug- und Kriechinsekten sowie Nager sind zu ergreifen und zu überprüfen. Die Eintragung hat bei jedem Befall und jeder Kontrolle zu erfolgen, auch wenn kein Befall vorliegt.					
Schädling	Raum	Durchgeführte Maßnahmen	Kontrollintervall	Datum der Eintragung	Anmerkung
Mäuse	Verarbeitungsraum	Falle	Täglich/Wöchentlich	TT.MM.JJJJ	Kein Fang (Falle leer)
Nach: Handbuch zur Eigenkontrolle für bäuerliche Betriebe, die mit Lebensmitteln umgehen, Seite 20, Landwirtschaftskammern Österreich[6]					

QUALITÄTSSICHERUNG

Herstellungsablauf

Dieser wird einmalig für jedes Produkt erarbeitet und niedergeschrieben. Er umfasst die Tätigkeiten bzw. Arbeitsschritte, alle kritischen Punkte (die eine Kontrolle benötigen – z. B. Ausbacken des Brotes mittels Temperaturfeststellung überprüfen) sowie Vorgaben und Maßnahmen bei Abweichungen.

5.1.6 Vorgehensweise bei der Gefahrenanalyse, der Risikobewertung und der Festlegung von kritischen Steuerungspunkten

Folgende Grundsätze sind anzuwenden[7]

1. Ermittlung von relevanten Gefahren, die vermieden, beseitigt oder auf ein akzeptables Maß reduziert werden müssen;
2. Bestimmung der Kritischen Steuerungspunkte (CCPs) auf den Prozessstufen, auf denen eine Steuerung notwendig ist, um die ermittelten relevanten Gefahren zu vermeiden, zu beseitigen oder auf ein akzeptables Maß zu reduzieren;
3. Festlegung von Grenzwerten für diese Steuerungspunkte, die helfen, zwischen akzeptablen und nicht akzeptablen Werten zu unterscheiden;
4. Festlegung und Durchführung effizienter Verfahren zur Überwachung dieser Steuerungspunkte;
5. Festlegung von Korrekturmaßnahmen, falls sich bei der Überwachung zeigt, dass ein Steuerungspunkt nicht unter Kontrolle ist;
6. Festlegung von Überprüfungsverfahren, um festzustellen, ob den Punkten 1–5 entsprochen wurde;
7. Erstellung einer – der Größe des Unternehmens angemessenen – Dokumentation der Einhaltung dieser Schritte.

Beispiele dazu befinden sich ebenfalls im genannten Handbuch und entsprechend den aktuellen Standards. Sie können beispielgebend für andere Produkte verwendet werden.

Dokumentation und Aufzeichnungen

Dokumentation und Aufzeichnungen sollen an Art und Umfang des Unternehmens angepasst werden. Sie dienen zur Unterstützung bei der Umsetzung der Eigenkontrolle.

Verpflichtende Dokumentation

- Wenn ohnehin vorhanden, sollen Dokumente zum Betrieb oder zur Produktion bzw. zu den Produkten aufbewahrt werden (z. B. Lieferscheine, Rechnungen, Dokumente zur Rückverfolgbarkeit;
- Ergebnisse der Trinkwasseruntersuchung bei Wasserversorgung aus eigenem Brunnen oder eigener Quelle 1-mal jährlich;
- Checklisten für Räume sind 1-mal jährlich bzw. bei Änderungen auszufüllen;
- Reinigungs- und Desinfektionsplan (1-mal jährlich bzw. bei Änderungen auszufüllen und zu unterschreiben);
- Plan für die Schädlingsbekämpfung (im Anlassfall und bei den regelmäßigen Kontrollen 1-mal pro Quartal auszufüllen und zu unterschreiben);
- Sicherheitsdatenblätter, Gebrauchsanweisungen für verwendete Reinigungs-, Desinfektions- und Schädlingsbekämpfungsmittel sind aufzubewahren;
- Gegebenenfalls Konformitätsbescheinigungen für Lebensmittelkontaktmaterialien (Rechnungen vom Fachgeschäft, Homepage des Herstellers oder Vertreibers der Materialien);
- Schulungsnachweise aufbewahren (z. B. Hygieneschulungen);
- Gefahrenanalyse für kalte bzw. warme Speisen, Herstellungsabläufe mit den wichtigen Punkten für die Hygiene, z. B. aus dem Handbuch, aus anderen Leitlinien, aus anderer Quelle oder selbst erstellt (unterschreiben);
- Aufzeichnungen der Überschreitung der Kühlraumtemperaturen.

Empfohlene Dokumentation

- Laufende Aufzeichnungen im Rahmen der Eigenkontrolle;
- Ergebnisse von Laboruntersuchungen im Rahmen der Eigenkontrolle (z. B. Oberflächenuntersuchungen);
- Ergebnisse von Produktuntersuchungen (z. B. Untersuchungsergebnisse von Verkostungen);
- Produktbeschreibungen;
- Kontrollberichte (Hygienekontrollen durch Lebensmittelaufsicht etc.).[8]

Mögliche Eigenkontrollsysteme am Beispiel Brot und Backwaren

Brot und Backwaren setzen Getreide und Mehl voraus.

Bis das Getreide geerntet werden kann, dauert es fast ein ganzes Jahr, und es hat vieler arbeitstechnischer Schritte und finanziellen Einsatzes bedurft, es schlussendlich ernten zu können.

Das sorgsam getrocknete Getreide (14 % Kornfeuchtegehalt) kommt in ein Getreidelager (Silos, Säcke, Getreidekästen usw.), wo bereits die Eigenkontrollmaßnahmen beginnen.

Zu kontrollieren sind:
- Lufttemperatur
- Getreidetemperatur
- Geruch
- Sichtkontrolle nach möglichen Schädlingen – Getreidemotten, Mäuse etc.

Dafür kann ein einfaches Formblatt reichen, das auszufüllen ist.

5.2 Produktuntersuchungen

Mit Produktuntersuchungen werden das Funktionieren des Eigenkontrollsystems und das Einhalten des betrieblichen Hygienekonzepts nachgewiesen, die Ergebnisse sind schriftlich als Dokument abzulegen. Diese Aufzeichnungen dienen als Beweismittel gegenüber den Kontrollbehörden. Einerseits zeigen diese das eigene Interesse an einer besten und hygienisch einwandfreien Produktionsweise, andererseits sind diese Untersuchungen verpflichtend, und daran führt kein Weg vorbei.

Die Häufigkeit der Produktuntersuchungen hängt von den jeweiligen Produkten hinsichtlich eines Produktrisikos wie beispielsweise bei Milchprodukten ab. Aber auch von der Produktmenge und der Art des Betriebs ist die Häufigkeit der vorgeschriebenen Untersuchungen abhängig.

Durch die mikrobiologischen Untersuchungsergebnisse ist der Betrieb ständig über seine Produktqualität am Laufenden und kann und muss sofort reagieren, wenn ein Fehler auftritt oder es eine Beanstandung gibt. Maßnahmen dahingehend sind sofort zu setzen! Die Wirksamkeit der Maßnahmen ist durch mikrobiologische Nachuntersuchungen der Produkte und im Produktionsumfeld zu überprüfen. Denn nur so kann man sichergehen, dass die Maßnahmen ihre Wirkung hatten. Durch die laufenden Eigenkontrollen und Produktuntersuchungen können somit auch viele „Beinahefehler" im Vorhinein vermieden und ausgeschlossen werden. Dies spiegelt sich dann auch finanziell wider, wenn es zu beinahe keinen Produktionsausfällen kommt. Somit kann ein lückenloses Eigenkontrollsystem zusätzlich eine sehr gute Motivation für die Einhaltung des betrieblichen Hygienekonzepts sein.

Informationen zu den jeweiligen Produkten sind den Leitlinien des BMASGK und Handbüchern der Landwirtschaftskammer Österreich zu entnehmen.

Hinweis: In der Leitlinie für bäuerliche Milchverarbeitungsbetriebe und im Handbuch zur Eigenkontrolle für bäuerliche Schlacht-, Zerlege- und Verarbeitungsbetriebe und der Leitlinie zur Schlachtung, Zerlegung von Rindern, Schweinen, Schafen, Ziegen und Einhufern sowie der Herstellung von Fleisch-

Eigenkontrolle – Getreidelager Nr. _____					
Kontrolldatum	Lufttemperatur	Getreidetemperatur	Geruch	Sichtkontrolle – Schädlinge	Gesetzte Maßnahmen bei Mängeln

QUALITÄTSSICHERUNG

erzeugnissen sind Häufigkeit und Untersuchungsparameter angeführt. Alle Leitlinien sind abrufbar unter https://bit.ly/302Vrct.⁹

https://bit.ly/302Vrct

Ein Auszug aus den derzeit zur Verfügung stehenden Leitlinien, wobei nicht alle für die Direktvermarktung Anwendung finden:

Teil A, Personalhygiene
- LL Personalschulung

Teil B, Einzelhandelsunternehmen
- LL für Einzelhandelsunternehmen

Teil C, Leitlinien Verpflegung
- LL für eine gute Hygienepraxis in Schutzhütten in Extremlage (einfache Bergsteigerunterkünfte im Gebirge) sowie in saisonal bewirtschafteten Almen
- LL Schankanlagen
- LL Hygiene für Caterer

Teil D, Leitlinien für Umgang mit Lebensmitteln tierischen Ursprungs
- LL Schlachtung und Zerlegung von Rindern, Schweinen, Schafen, Ziegen und Einhufern sowie bei der Herstellung von Fleischerzeugnissen
- LL Schlachtung und Zerlegung von Geflügel
- LL Bäuerliche Geflügel- und Kaninchenschlachtbetriebe
- LL Schlachtung Farmwild
- LL Schlachtung und Verarbeitung von Fischen aus Wildfang oder eigener Aquakultur
- LL Für bäuerliche Milchverarbeitungsbetriebe
- LL Milchverarbeitung auf Almen
- LL Mikrobiologische Kriterien Milch
- LL Eierpack- und Eiersammelstellen
- LL Imkereien

Teil E, Leitlinien für Umgang mit Lebensmitteln nichttierischen Ursprungs
- LL Teigwaren
- LL Speiseeiserzeugung
- LL Gewerbliche Getränkeherstellungsbetriebe
- LL Ölabfüllung in gewerblichen Betrieben
- LL Bäuerliche Obstverarbeitung

Teil F, Sonstige
- Hygienisches Feilhalten von Brot und Gebäck zur SB
- Empfehlung zur Verwendung von Stoffhandtüchern als hygienisches Mittel zum Trocknen der Hände
- LL Tiefkühllogistik
- Empfehlung für Eigenkontrolle bei der Produktion von Fleischerzeugnissen

Teil G, Merkblätter usw.
- Salmonellen: Tipps zur Vermeidung von Lebensmittelvergiftungen
- Richtig und sicher kochen mit rohen Lebensmitteln
- Merkblatt für den Konsum von Rohmilch und für den Umgang mit Tieren
- Merkblatt zur Vermeidung von lebensmittelbedingtem Botulismus
- Merkblatt für die Lagerung, Zubereitung und den Konsum von rohem Obst und Gemüse im Haushalt

5.3 Untersuchung des Trinkwassers

Jedes Wasser (Brunnen- und Quellwasser), das für die Gewinnung der Urprodukte und bei der Be- und Verarbeitung der Produkte verwendet wird und nicht aus einer öffentlichen Trinkwasseranlage, muss regelmäßig – einmal jährlich – von einer autorisierten Untersuchungsstelle untersucht werden. Dies ist in der Trinkwasserverordnung festgelegt und jeder Betrieb hat es von sich aus zu veranlassen. Wasser aus öffentlichen Trinkwasserversorgungsanlagen (z. B. Gemeindewasserleitungen, Wasserverbänden usw.) gilt automatisch als Trinkwasser, da dort ebenso regelmäßig untersucht werden muss.

Tipp: Die Einholung von Kostenvoranschlägen bei mehreren Laboren für Trinkwasser, aber auch für Produktuntersuchungen, kann helfen, Kosten zu sparen. Auch ist es wichtig zu wissen, welche Parameter untersucht werden müssen – dazu dienen u. a. die Leitlinien.

QUALITÄTSSICHERUNG

5.4 Behördliche Kontrollen

Lebensmittelunternehmer müssen damit rechnen, dass die Lebensmittelaufsicht, der Amtstierarzt oder z. B. auch der Bundeskellereiinspektor die Produktionsstätte und damit verbunden das Eigenkontrollsystem/die Dokumentationen kontrollieren und meistens auch eine Produktprobe ziehen.

Darunter sind mikrobiologische Untersuchungen zu sehen, die meist von der Lebensmittelaufsicht im Rahmen von Betriebskontrollen oder Verkaufsstellen gezogen werden. Dies kann bei Produktschwerpunkt- oder ganz einfachen Routinekontrollen erfolgen. Auch aufgrund von Anzeigen muss die Behörde handeln und die beanstandeten Produkte zur Untersuchung einholen.

Für jedes Produkt wird der Produzent angehalten, ein Rückstellmuster aufzuheben, bis das Ergebnis der Untersuchung rückgemeldet wird. Dies ist Teil der gezogenen Probe oder ein Produkt aus dieser Charge.

Bei Produkten wie Marmeladen, Säften, Nudeln usw. reicht die ganz normale, dem Produkt entsprechende Lagerung. Frische Produkte werden eingefroren oder, wenn es für das Produkt passt (z. B. Rohpökelwaren), vakuumiert. Dieses Rückstellmuster muss bei einer Beanstandung möglicherweise als Beweis auf Kosten des Produzenten durch eine andere Untersuchungsanstalt nochmals überprüft werden.

Bei Beanstandungen ist von behördlichen Strafen auszugehen, deren Höhe sich nach der Verfehlung am Produkt richten werden.

Die häufigsten Beanstandungen gibt es erfahrungsgemäß im Bereich der Produktetikettierung, wofür auch Strafen verhängt werden, auch wenn diese Produkte nicht gesundheitsschädlich sind.[10]

Interessante Links dazu:

https://bit.ly/2w6LqgK

https://bit.ly/2VR96oA

5.5 Qualitätsprogramme

5.5.1 Gutes vom Bauernhof

Bereits 23.000 landwirtschaftliche Betriebe in Österreich lukrieren einen namhaften Teil ihres Einkommens aus der Direktvermarktung. 4000 dieser Betriebe sind innerhalb von Verbänden organisiert (ohne Einbeziehung des Weinbaus sowie diverser Spartenverbände, z. B. Obst und Gemüse).

Um eine Professionalisierung der Direktvermarktung voranzutreiben, wurde das Qualitätsprogramm „Gutes vom Bauernhof" entwickelt. Das Projekt „Gutes vom Bauernhof" lässt sich unter den Begriffen „Qualität & Sicherheit" subsumieren.

Rund 1750 Betriebe aus allen Bundesländern sind bereits kontrollierte „Gutes vom Bauernhof"-Betriebe. Die Einbeziehung aller Bundesländer in „Gutes vom Bauernhof" ist im Rahmen der strategischen Umsetzungsschritte des „Clusters Produktentwicklung, -präsentation und -vermarktung für regionale landwirtschaftliche Qualitätserzeugnisse" gelungen.[11]

Gutes vom Bauernhof[12] –
Über 1750 Direktvermarkter auf Topniveau

Direktvermarkter, die ihre Produkte unter der Dachmarke „Gutes vom Bauernhof" anbieten, stehen – durch strenge Auflagen und regelmäßige Kontrollen – für besonders hohe Qualität. Sie produzieren für Konsumenten, die Sicherheit bezüglich Herkunft, Herstellungsart und Qualität der Nahrungsmittel wollen.

https://bit.ly/2Ju4VbR

5.5.2 Andere Qualitätsprogramme

Diese sind meist regional zu finden, haben aber vor Ort eine große Bedeutung. Insbesondere finden sich in der Fleischproduktion viele Qualitätsprogramme, die meist mit einer gemeinsamen Vermarktung gekoppelt sind.

Als Beispiel sei hier das Qualitätsprogramm ALMO (Almochsen) angeführt.

Die Erzeugung

Um die Glaubwürdigkeit und Produktwahrheit von ALMO in jeder Phase des Erzeugungs- und Vermarktungsablaufs sichern zu können, wurden sowohl für

QUALITÄTSSICHERUNG

die Bauern als auch für die Vermarktungspartner entsprechende Grundregeln erstellt. Diese sind in eigenen „Handbüchern" festgehalten.

Die Herkunft der Tiere

Alle Tiere im ALMO-Qualitätsprogramm müssen in Österreich geboren und aufgezogen worden sein. Das Ziel in der Erzeugung sind fleischbetonte, mittelrahmige und feinknochige Tiere, die durch eine entsprechende Haltung und Fütterung die Schlachtreife im Alter von 20–36 Monaten erreichen. Ein besonders wichtiges Kriterium ist eine gute Fetteinlagerung (Marmorierung) und Fettabdeckung.
Mittel- bis spätreife Rassen erweisen sich für die Erreichung der Qualitätsanforderungen als vorteilhaft. Empfohlene reinrassige Tiere und Kreuzungen sind: Fleckvieh – fleischbetont, Murbodner, Limousin, Charolais, Blonde d'Aquitaine.

Die Haltung

Die über Jahrhunderte durch Generationen geformten Bergwiesen und Almweiden sind der natürliche Lebensraum der ALMO-Almochsen. Hier sind sie von Mai bis Oktober auf Sommerfrische. In der kalten Jahreszeit sind geräumige Laufställe ihr Zuhause und auch Voraussetzung.
Ausgewählte ALMO-Betriebe wurden für diese tierfreundliche Haltungsform mit der „Silber"-Stufe des „Tierschutz-kontrolliert"-Gütesiegels von VIER PFOTEN ausgezeichnet, dem hohe Anforderungen bezüglich Haltung, Transport und Schlachtung zugrunde liegen. Es steht für höhere Tierschutzstandards für Nutztiere in der konventionellen Landwirtschaft.

Die Fütterung

Die Almo-Ochsen verbringen den Sommer auf der Alm – sie fressen dort hochwertiges Gras, würzige Almkräuter, trinken frisches Quellwasser und halten so die Alm vor der Verwaldung frei. Im Winter fressen sie Heu, Silage und gentechnikfreies Getreide.
Somit hat man neben der artgerechten Haltungsform die Garantie für eine unvergleichliche Fleischqualität. ALMO-Rinder werden ausschließlich mit gentechnikfreien Futtermitteln gefüttert.

Die Gentechnikfreiheit

Die Gentechnikfreiheit, die das ALMO-Almochsenfleisch noch mehr zu einem besonders wertvollen LEBENsmittel macht – ein großer Schritt in die richtige Richtung.

ALMO – Reine Natur – www.almo.at

- ALMO-Rinder werden ausschließlich mit gentechnikfreien Futtermitteln gefüttert.
- Die Einhaltung der Richtlinien zur Tierhaltung und Gentechnikfreiheit wird von einer unabhängigen akkreditierten Kontrollstelle durch Betriebsbesuche und Probenziehungen überprüft.

https://bit.ly/2HsTjn9

5.6 Gütesiegel als Qualitätssicherung

Das rot-weiß-rote AMA-Lebensmittel-Gütesiegel garantiert die Einhaltung bestimmter Qualitätsanforderungen und gibt Auskunft über die inländische Herkunft der Rohstoffe. Auch eine 100-prozentige Verarbeitung in Österreich wird zugesagt. Wem etwa die regionale Herkunft der Lebensmittel besonders wichtig ist und wer den CO_2-Fußabdruck durch kurze Transportwege gering halten möchte, der sollte auf dieses AMA-Gütesiegel achten. Über Bio sagt das fahnenförmige Zeichen nichts aus.

QUALITÄTSSICHERUNG

Für Bio steht das staatliche kreisförmige rote AMA-Biosiegel. Die landwirtschaftlichen Rohstoffe stammen zu 100 Prozent aus der im Zeichen angeführten Region. Bei verarbeiteten Produkten sind es mindestens zwei Drittel. Nur in seltenen Fällen, nämlich dann, wenn es die Zutat in Österreich nicht gibt, darf diese im Ausland in entsprechender Bioqualität zugekauft werden.

Das kreisförmige schwarz-weiße AMA-Biosiegel ohne Herkunftsangabe garantiert biologische Landwirtschaft und den kontrolliert biologischen Anbau der Rohstoffe des Bioprodukts. Wie auch das Siegel mit Ursprungsangabe steht es für Produkte ohne Gentechnik, ohne chemisch-synthetische Pflanzenschutzmittel und ohne leicht lösliche mineralische Düngemittel, artgerechte Tierhaltung und Fütterung mit biologisch produzierten Futtermitteln sowie die Förderung von Artenvielfalt und Naturschutz. Die biologischen Zutaten können aber internationaler Herkunft sein.

Das Qualitätsprogramm „Gutes vom Bauernhof", eine Marke der Landwirtschaftskammer Österreich, steht für bäuerliche Lebensmittelproduktion auf höchstem Niveau. Damit sollen die Profis unter den Direktvermarktern unterstützt und Konsumenten Qualität und Erlebnis geboten werden.[13]

Die Marke wird nur an streng kontrollierte Betriebe vergeben, die selbst hergestellte Rohstoffe mit größter Sorgfalt verarbeiten. Konsumenten können so bezüglich Herkunft, Herstellungsart und Qualität der Lebensmittel absolut sicher sein.

https://bit.ly/2LWoqf9

Biologische Lebensmittel werden nicht nur nach strengen gesetzlichen Richtlinien hergestellt, sondern auch klar gekennzeichnet. Wer diese Kennzeichnungen kennt, kann echte Biolebensmittel problemlos von Pseudo-Bioprodukten unterscheiden. Jedes echte Bioprodukt ist am „Bio-Hinweis" und an der „Bio-Kontrollstelle" erkennbar. Zur schnelleren Erkennbarkeit werden überdies viele Produkte deutlich sichtbar mit eigenen Bio-Erkennungszeichen gekennzeichnet.

Die wichtigsten Bio-Erkennungszeichen im heimischen Handel sind das EU-Bio-Logo, das AMA-Biozeichen und das BIO AUSTRIA Logo.[14]

Viele andere regionale Gütesiegel haben auch ihre Bedeutung im Sinne einer qualitativen Lebensmittelproduktion, sind aber nicht bundesrelevant.

https://bit.ly/2YpU6f7

5.7 Produktprämierungen

„Ziel der Prämierungen ist es, eine objektive Möglichkeit für einen Produktvergleich zu bieten. Sie sind eine Vermarktungshilfe für die teilnehmenden Betriebe und stellen einen Anreiz zu einer weiteren Qualitätssteigerung dar." So in einer Aussendung der Messe Wieselburg in Niederösterreich zu lesen, wo alljährlich insgesamt die größte Prämierungsdichte zu finden ist.

Produktprämierungen regional, national und international

Prämierungen gehören längst zu einem der wichtigsten Marketinginstrumente für bäuerliche Produkte in vielen Produktionssparten. Prämiert werden Weine, Säfte, Edelbrände, Liköre, Moste, Cider, obstweinhaltige Getränke, Essige und Öle. Honig und Marmeladen, Fruchtaufstriche und Konfitüren. Es folgen Brot, Milch- und Fleisch- sowie Fischprodukte. Dazu kommen noch andere spezielle Prämierungen von

Siegbert Reiß und sein Sohn mit ihren Medaillen

© Siegbert Reiß

Nischenprodukten (Pasta, Blunznkranzl oder Speiseeis in Wieselburg), die insbesondere die Produktentwicklung und innovative Produkte fördern.

Prämierungen bäuerlicher Produkte durch die Landwirtschaftskammern in Österreich

Seit über 20 Jahren veranstalten und organisieren die Landwirtschaftskammern in unterschiedlicher Intensität Landesprämierungen zu den verschiedenen Produkten wie Brot, Milch- und Fleischprodukte (Rohpökelwaren und Kochschinken unterschiedlicher Tierarten). Die entsprechenden Fachabteilungen organisieren dazu noch Öl-, Edelbrand-, Wein-, Saft- oder Mostprämierungen.

Prämiert wird bei allen Produkten in Gold, Silber und Bronze. Je nach Bundesland gibt es in den einzelnen Kategorien jährlich auch LandessiegerInnen. Informationen dazu erhalten Sie in den jeweiligen Landwirtschaftskammern in den Bundesländern.

5.7.1 Nationale Produktprämierungen für DirektvermarkterInnen

Messe Wieselburg lädt alljährlich zu Produktprämierungen ein

Alljährlich findet mit dem Veranstalter Messe Wieselburg in Zusammenarbeit mit dem Francisco Josefium als fachliche Leitung eine österreichweite Prämierung für aktuell 2019 elf Produktgruppen statt. Die Teilnehmerzahlen sind jährlich steigend und die Produktqualitäten sind zunehmend verbessert.

Als Verkoster stellen sich fachlich geschulte Personen aus verschiedenen Bundesländern zur Verfügung. Die Verkostungen nehmen sehr viel Zeit in Anspruch und werden in ihrer insgesamt großen Zahl der eingereichten Produkte sehr effektiv und objektiv abgehandelt.

Nähere Informationen sind zu finden unter: https://www.messewieselburg.at/praemierungen

GenussKrone – Prämierung vom Verein.regionale.Kulinarik

Die GenussKrone ...

... ist die höchste Auszeichnung für regionale Lebensmittel

... prämiert die besten Produkte aus den Bundesländern

... fördert die Qualität und Innovation

... schafft Bewusstsein bei KonsumentInnen

So auf der Homepage zur Genusskrone auf der Startseite zu lesen.

Die GenussKrone-Prämierung findet alle zwei Jahre statt. Für die Prämierungen zur GenussKrone werden die besten Produkte aller Bundesländer derzeit in den Kategorien Brot, Käse, Obst, Rohpökelwaren und Fischprodukte nominiert.

In den jeweiligen Kategorien gibt es noch Unterkategorien, womit 28 bäuerliche Direktvermarkter aktuell mit der GenussKrone Österreich ausgezeichnet wurden (www.genusskrone.at).

Kasermandl – Größte Prämierung von Käse- und Milchprodukten in Österreich

5.7.2 Internationale Prämierungen

Abgesehen von Weinprämierungen finden weitere Produktprämierungen auf internationaler Ebene statt.

Alpe-Adria Prämierung

Ein Beispiel dazu ist die Alpe-Adria Prämierung in den Kategorien Rohpökelwaren, Fischprodukte, Edelbrände, Öle.
Bei dieser Prämierung erfolgt eine erfolgreiche Zusammenarbeit der Landwirtschaftskammer Kärnten mit Slowenien.

https://bit.ly/2JUgJUJ

Destillata

Diese ist eine internationale Spirituosenprämierung von hoher Qualität. Die Destillata sieht sich als Vereinigung zur Präsentation und Prämierung bester Spirituosen und hat ihren Sitz in Wien. Es dürfen ausschließlich Produzenten von Spirituosen daran teilnehmen.
https://destillata.at/teilnehmen/

5.7.3 Wert von Produktprämierungen und Beurteilungsvarianten

Wert einer Auszeichnung durch Produktprämierungen
- Wichtiger Teil der Qualitätssicherung
- Instrument bei Produktentwicklungen
- Hilfe bei Produktverbesserungen
- Fachliche Rückmeldung durch geprüfte und geschulte Verkoster
- Auszeichnungen als Marketinginstrument nutzen
- Auszeichnungen motivieren – persönlicher Erfolg

Sensorische Beurteilungsvarianten
- Subjektive Verkostungen
  - Beliebtheitsverkostungen, meist durch Konsumenten
  - Konsumentenrückmeldungen zum Produkt
  - Wichtig für Produktentwicklung – Was liegt im Trend?
  - Kommentierte Verkostungen – bei Produktpräsentationen

Subjektive Verkostungen bzw. Beurteilungen müssen nicht automatisch mit guter Produktqualität zusammenhängen. Das Produkt schmeckt oder schmeckt nicht. Die Verkoster müssen mit dem Herstellungsverfahren nicht vertraut sein und beurteilen subjektiv nach ihrem eigenen Geschmack.

© www.edelbrandbrennerei.at

- Objektive Verkostungen
  - Wird bei Produktprämierungen angewandt
  - Sensorische Beurteilung durch geschulte und geprüfte Verkoster
  - Beurteilung nach vorliegenden Bewertungskriterien
  - Vergabe der Punkte und Benennung der Fehler als Hilfestellung für die Produktverbesserung
  - Persönlicher Geschmack ist nicht allein entscheidend

Für jedes eingereichte Produkt gibt es eine gesonderte Rückmeldung, damit die Produzenten ihre Produkte dadurch verbessern können.

Dahingehend werden in den Bundesländern alljährlich fachlich einschlägige Weiterbildungen (LFI-Angebote – siehe Kapitel Produktfindung) angeboten, die wesentlich zur Produktverbesserung beitragen.

QUALITÄTSSICHERUNG

Merkmale für die sensorische Qualität von Lebensmitteln
- Aussehen (optisch)
  - Prüfung durch das Auge
  - Farbgebung
  - Herrichtung des Produkts
  - Optischer Zustand des Produkts
- Geruch (olfaktorisch)
  - Prüfung durch die Nase
  - Produktspezifischer Geruch
  - Fehlgerüche
- Geschmack (gustatorisch)
  - Prüfung durch die Zunge
  - Salzig, sauer, bitter, süß und umami
- Textur (haptisch)
  - Prüfung durch Muskulatur und Schleimhaut
  - Konsistenz und Struktur: Zartheit, Härte, Dichte, Zähigkeit, Körnigkeit …

- Sehen – Aussehen
  - „Das Auge isst mit": Es zeigt uns, dass das Aussehen von Lebensmitteln ein wesentlicher Entscheidungsfaktor ist.
  - Vor allem Farben, Formen, Größe und Oberflächenstruktur können wahrgenommen werden.
  - Eine rote Tomate wird als reif bewertet, eine grüne Tomate als unreif.
- Geruch – Riechen
  - Unsere Nase kann Tausende verschiedene Düfte unterscheiden.
  - Das Riechen besitzt eine starke emotionale Komponente und steht in direkter Verbindung mit unserem Gehirn.
  - Z. B. bei der Wahrnehmung von Lebensmitteln „läuft uns bei manchen Speisen das Wasser im Mund zusammen".
- Hören
  - Was hat das Hören mit Essen und Trinken zu tun?
  - Beim Abbeißen und Kauen können wir anhand der auftretenden Kaugeräusche bestimmen, wie frisch, knackig und knusprig ein Lebensmittel ist.
  - Auch beim Schneiden und Raspeln können wir einiges über die Beschaffenheit erfahren.
- Haptik – Tasten
  - „Be-greifen" heißt verstehen.
  - Beim Befühlen und Betasten von Lebensmitteln erhalten wir Informationen über die Struktur und Form des Produkts.
  - Mit unseren Händen stellen wir z. B. den Reifegrad von Obst fest.
  - Beispiel: „Die Hände entscheiden."
- Geschmack – Schmecken
  - „Der Geschmack liegt auf der Zunge", heißt es.
  - Tatsächlich können wir nur „süß, salzig, sauer, bitter und umami" erschmecken.
  - Es kann selbstverständlich zu Mischempfinden kommen, z. B. Grapefruit, Preiselbeeren.
  - Beispiel: „Das Auge schmeckt mit."

Beispiel Produktprämierung Brot – Steiermark

In der Steiermark fand die erste Bauernbrotprämierung der Landwirtschaftskammer bereits im Jahr 1997 statt. Das war die Zeit, als mit den Qualitätsoffensiven für die Produkte aus der Direktvermarktung richtig durchgestartet wurde. Im Lauf der Jahre haben sich die Prämierungen zu großen Events entwickelt und es ist nicht nur eine tolle Auszeichnung für beste Qualitätsprodukte, sondern auch ein Genusshimmel für die KonsumentInnen. Nach dem Beginn mit Bauernbrot, Vollkornbrot, Broten mit Ölsaaten und gut 50 eingereichten Proben stehen wir heute, 2019, bei drei Landesprämierungen in 16 Kategorien mit knapp 400 Proben. Die Brotprämierung wurde jahreszeitlich und werbetechnisch in drei Teile geteilt:
- Zeitgerecht vor Ostern in vier Kategorien: Osterbrote, Osterpinzen, Kreative Ostergebäcke und Buschenschankgebäcke
- Hauptprämierung im August in neun Kategorien: Klassisches Bauernbrot, Bauernbrot vom Holzofen, Vollkornbrot, Reines Dinkelbrot, Brote mit Ölsaaten, Innovative Brotideen, Gesundes Schuljausengebäck, Gebäcke des Lebens- und Jahresbrauchtums und Kunst aus Teig
- Herbstprämierung in drei Kategorien: Prämierung der Allerheiligenstriezel, Früchtebrote und Faschingskrapfen

Marketingtechnisch hat sich diese Entscheidung für drei Prämierungen als sehr gut erwiesen, weil die Medien diese Abstufungen sehr gern annehmen und zeitnah zu den jeweiligen Festtagen vor Ostern und vor Allerheiligen die SiegerInnen mit ihren traditionellen Gebäcken ganz besonders ins

QUALITÄTSSICHERUNG

Kleine Brotgenießerin bei der Urkundenverleihung

Ähren in Gold

Rampenlicht stellen. Die Auszeichnungen für die Hauptprämierung im August werden im Rahmen eines regionalen Festes wie der Weinwoche in Leibnitz oder beim Stadt-Land-Fest in Leoben verliehen. Es scheint uns auch sehr wichtig, den KonsumentInnen direkt vor Ort die besten Qualitäten direkt zu präsentieren.

Durchführung einer Prämierung

Eine gute Organisation und zeitgerechte Planung sind Garant für einen reibungslosen Ablauf. Die Jury besteht ausschließlich aus Personen, die mit dem Produkt Brot in allen Kategorien sehr vertraut sind. Diese Personen müssen sich einer sensorischen Schulung unterziehen oder sie haben eine jahrelange Erfahrung in der Produktion von Qualitätsprodukten. Jährlich wird eine VerkosterInnenschulung angeboten und auch durchgeführt. Die AbsolventInnen des Zertifikatslehrgangs des LFI-Brotsommeliers sind ebenfalls berechtigt, in der Jury dabei zu sein.

Ablauf der Prämierung

Nach der zeitgerechten Ausschreibung melden sich die TeilnehmerInnen mit dem Teilnahmeschein an. Die Brote werden mit je einem Probenbegleitschein angeliefert. Die Brote bekommen am Brot, auf einer Liste und am Begleitschein die gleiche Nummer, die ebenso in die computerunterstützte Auswertung übertragen wird. So kann kein Brot verwechselt werden.

Die Objektivität steht im Vordergrund!

Die Gebäcke werden nach ca. 80 Kriterien bewertet und der persönliche Geschmack darf dabei keine Rolle spielen.

Ablauf:
- Zwei Teams verkosten jeweils eine Kategorie der Brote.
- Zuerst außen – Form und Herrichtung – bewerten und dann zuerst der anderen Gruppe geben.
- Fertig bewerten nach vorgegebenem Schema.
- Eintragen der Fehler – jeder Fehler muss benannt sein!
- Besonders positive Anmerkungen gern dazuschreiben.
- Danach mit der Partnergruppe tauschen.
- Gruppe kommt zu einem Gruppenergebnis, wobei es keine Diskussionen mit der anderen Gruppe gibt.

Nachverkostungen:
- Wenn eine Gruppe das Brot mit Gold auszeichnet und die zweite nicht.
- Wenn eine Gruppe ein Brot prämiert und die zweite nicht.
- Jedes Brot hat die gleiche Chance – nicht andere hinunterwerten, um selbst oben zu bleiben.
- Nach fünf Broten werden die Gruppenergebnisse verglichen.

QUALITÄTSSICHERUNG

- Konzentration auf die zu verkostenden Brote legen und nicht auf das Umfeld.
- Die Letztentscheidung liegt in „Zweifelsfällen" bei der Verkostungsleitung.

Gerechtigkeit siegt schlussendlich:
- Jedes eingereichte Brot wird unvoreingenommen bewertet
- Jedes Brot wurde mit viel Mühe gebacken
- Jedes Brot enthält wertvolle Zutaten
- Über jedes Brot wird wertschätzend gesprochen
- Sich auf das Brot am Tisch und nicht auf jenes vom Nebentisch konzentrieren
- Im Zweifelsfall für die Bäckerin/den Bäcker entscheiden.
- Wer ein Brot kennt, spricht nicht über die Produzentin/den Produzenten

Die Eingabe der Beurteilungen der Brote und Gebäcke mit den festgestellten Fehlern oder besonderen Belobigungen erfolgt digital, was eine fehlerlose Auswertung zulässt und eine große Zeitersparnis mit sich bringt. Die Nachverkostungen (Abweichungen in den Gruppen – prämiert oder nicht prämiert, Gold oder nicht Gold) – werden umgehend angezeigt, und auch die Verkostergruppen zur Nachverkostung und nochmaliger Bewertung sind aus dem Programm ersichtlich.

Ermittlung der LandessiegerInnen

Dazu erhalten alle Jurymitglieder ein Stück von jedem mit Gold ausgezeichneten Brot, welches die Höchstpunktzahl 100 erhalten hat. Für das beste Brot werden auf dem vorliegenden Beurteilungsblatt 5 Punkte, für das nächst gereihte 3 Punkte und für das dritte Brot 1 Punkt vergeben. Interessant ist, dass die LandessiegerInnen in der Punktezahl meist hervorstechen.

Was hat die Prämierung hinsichtlich der Qualität bewirkt?

Qualitätsoffensiven bedürfen Weiterbildungen, damit diese auch Erfolg haben können. Im Bereich des Brotes ist dies durch die jahrzehntelangen Angebote verschiedenster Seminare sehr gut gelungen. Die Bildungsangebote werden jährlich adaptiert und somit kann den BrotdirektvermarkterInnen immer Grundlegendes und Aktuelles angeboten werden.

Zwei strahlende LandessiegerInnen Andreas Fritz, Jungbauer und Ingrid Fröhwein, FSLE Maria Lankowitz

Auch die Brotwelt bleibt nicht stehen! Grundvoraussetzung bleibt immer der Einsatz von ganz natürlichen Zutaten aus regionaler Herkunft.

5.8 Praxisbeispiel: Brot Siegbert Reiß

Für mich, Siegbert Reiß, dem Stadt-Bauernbuam aus Graz, der Ende der Sechziger und in den Siebzigern des vorigen Jahrhunderts in Graz aufgewachsen ist, hat sich das Gespött der Menschen über Essen, das man selbst macht, tief eingeprägt und mich gezeichnet. Trotz alledem hat meine Familie, selbstverständlich auch aus Geldmangel, daran festgehalten.

Alle diese Erfahrungen, **ob gut oder schlecht,** ergeben das Basiswissen für die Produktion und die Vermarktung aller unserer Lebensmittel im Jetzt und Heute. Dies gilt für meine Familie, „wenn wir halt Zeit haben", dem Genuss-Bauernhof und dem Heurigen, dem Umgang mit den Kunden, dem Marketing und der Werbung.

QUALITÄTSSICHERUNG

Damals wie heute gilt es, diese alten Erfahrungen mit neuem Wissen zu kombinieren. **Dazu reicht aber kein Nachmittagskurs mit vier Einheiten!** Begeisterung, Leidenschaft und der Wille, etwas zu verändern, Dinge in die eigene Hand zu nehmen, um zu lenken und zu entscheiden, bringen uns weiter. Und die Eigenverantwortlichkeit. Du ganz allein.

Die wichtigste Medaille war die erste Goldene in der Steiermark, ein Jahr nach meinem ersten Brotbackkurs bei Eva Maria Lipp Ende der Achtzigerjahre. „Viele Freudentränen, ganz allein mitten am Hof" – das sind die Momente, die das Brotbacken lebendig machen. Bis dato habe ich weit über 120 Auszeichnungen in der Steiermark, in Österreich und Berlin für mein Brot erhalten. Das Gleiche gilt auch für meine zweite Leidenschaft, die Fleischverarbeitung.

Diese Auszeichnungen fallen nicht vom Himmel und bewirken keine Wunder. Jeder, der eine Auszeichnung erhält, ist mit in der ersten Reihe. Die Verantwortung, deine Leistung hinauszutragen, diese den Kunden zu vermitteln, ist allein deine Aufgabe. **Dieses Hinaustragen wird die Wunder bewirken.** Wir alle, die wir Brot backen, können stolz auf unser Tun sein. Wir machen etwas Einzigartiges, so vielfältig es auch sein mag.

Um beständig höchste Qualität und sein Einkommen zu gewährleisten, ist es notwendig, auch den Stift in die Hand zu nehmen. Jedes Brot, jedes kleine Weckerl muss kalkuliert und niedergeschrieben werden. **Schriftlich,** das ist das Zauberwort für die Kalkulation, den Arbeitsablauf, die Rezeptur, den Wareneingang wie Mehl, Hefe, Salz, Gewürze … Demzufolge ist es auch notwendig, den Warenausgang, den Verkauf, den Schwund und die nicht verkaufte Ware zu dokumentieren. Für die Kalkulation gibt es eine Grundregel: den Wert aller Zutaten mal 3 bis 4 für Bauernbrot, und wenn mehr Arbeitszeit dabei ist, z. B. Kleingebäck, mal 5 bis 6.

Wer schreibt, der bleibt!!!

Wenn du 90 % deines Wissens teilst, bekommst du 180 % zurück; das ist eine Erkenntnis und Grundregel aus der Forschung und Entwicklung (F&E).

Brotbacken mit Leidenschaft

QUALITÄTSSICHERUNG

Prüfung: **Früchtebrot**

Prämierungsgegenstand ist vorwiegend aus Brotmehlen hergestelltes Brot mit Fruchtbeigaben wie Dörrpflaumen, Dörrbirnen, Nusskerne, Rosinen oder Dörrbirnen, wobei der Fruchtanteil gegenüber dem Mehlanteil überwiegt. Als Teiglockerungsmittel sind Germ, Sauerteig und Backpulver zulässig.

Prüfpersonen:

5-Punkte-Skala und Bewertungstabelle

In jedem Prüfmerkmal müssen mind. 3 Punkte (ungewichtet) erreicht werden:

Punkte	allgemeine Eigenschaften
5	volle Erfüllung der Qualitätserwartung
4	merkliche Abweichung
3	deutliche Fehler
2	starker Fehler
1	nicht bewertbar

* Bitte möglichst kurze, konkrete Erläuterungen

Auswertungsbereich - Prüfungsvoraussetzungen:
in jedem Prüfmerkmal müssen mind. 3 Punkte (ungewichtet) erreicht werden

			Gewichtungs-faktoren	Gewichtete Bewertung	
1. Form, Herrichtung		**Bewertung**	**x2 =**		**Bemerkungen:**
unansehnlich (Gesamtbild)*		rauhe Oberfläche			
ungleichmäßige Form		abgesplitterte Schnittfläche			
zu flache Form		unsauberer Boden			
Kugelform		Sonstige Mängel*			
Risse an der Boden/Rindenkante		nicht bewertbar*			
Anstoßstellen		zu mehlig			
2. Kruste, Oberfläche		**Bewertung**	**x2=**		**Bemerkungen:**
zu rissige Oberfläche		zu dünne Rinde			
verbrannter Boden		zu dicke Rinde			
abgehobene Kruste		unregelmäßige Farbe			
ungleichmäßige Schnittfläche		mißfarben			
zu starke Bräunung		fleckig			
zu schwache Bräunung		Blasen			
ungleichmäßige Bräunung		Sonstige Mängel*			
Rinden - Krumenverhältnis		nicht bewertbar*			
3. Lockerung		**Bewertung**	**x 3=**		**Bemerkungen:**
zu geringe Lockerung		Hohlräume			
ungleichmäßige Lockerung		Sonstige Mängel*			
zu starke Lockerung		nicht bewertbar*			
4. Struktur der Krume		**Bewertung**	**x 3=**		**Bemerkungen:**
krümelt beim Schneiden		spröde			
schmiert beim Schneiden		zu harter Bruch			
Zu geringer Fruchtanteil		splittriger Bruch			
Fruchtverteilung		weicher Bruch			
Erkennbarkeit der Früchte		zäher Bruch			
unregelmäßige Farbe d. Krume		Sonstige Mängel*			
unregelmäßige Struktur d. Krume		nicht bewertbar*			
5. Kaubarkeit		**Bewertung**	**x 3=**		**Bemerkungen**
zu hart beim Kauen		strohig			
zäh beim Kauen		geschwächte Elastizität			
schmierig beim Kauen		Sonstige Mängel*			
klebrig beim Kauen		zu trocken			
6. Geruch, Geschmack			**x 7=**		**Bemerkungen**
wenig aromatisch		überwürzt			
herb		stumpf			
aromaarm		alt			
hefig		Nebengeruch*			
brenzlig		Nebengeschmack*			
alkoholisch		Fremdgeruch*			
bitter		Fremdgeschmack*			
nicht abgerundet		ranzig			
sauer		dumpf, muffig			
herbsäuerlich		zu süß			
salzig		nicht bewertbar*			
lind		Sonstige Mängel*			

Erzielte Qualitätszahl

Prüfnummer:

Erstellt: Ing. Eva-Maria Lipp, Graz und Umgebung

5.9 Praxisbeispiel: Obstbauernhof Planner, Puch bei Weiz, Steiermark; www.apfelmann.at

Wir führen einen landwirtschaftlichen Familienbetrieb mit Bio-Obstbau und Privatzimmervermietung. Von Anbau über Ernte bis zu Weiterverarbeitung, Lagerung und Vertrieb wird großteils alles direkt bei uns auf dem Hof erledigt.

Welche Marketing-Überlegungen stecken hinter Ihrer Idee?

Wir haben in den letzten rund 30 Jahren einen großen Kundenstamm aufgebaut, den wir in regelmäßigen Abständen (ca. alle zwei Monate) telefonisch kontaktieren. Nach Bedarf werden Bestellungen aufgenommen und dann in einer gesammelten Liefertour direkt an den Kunden frei Haus zugestellt. Zusätzlich zu der bereits im Vorhinein getätigten Bestellung hat der Kunde dann auch noch die Möglichkeit, direkt bei Lieferung Zusatzeinkäufe aus unserem großen Produktsortiment zu tätigen. Von dem persönlichen Kontakt profitieren die Kunden (da die Ware direkt nach Hause gebracht wird) und auch wir (die meisten Kunden kaufen mehr ein, als sie ursprünglich bestellt haben).

Woher stammen die Produkte, wie/wo werden sie hergestellt?

Der Großteil unserer angebotenen Produkte stammt aus eigener Herstellung. Frischobst wird per Hand geerntet und in eigenen Kühlräumen gelagert. Direktsäfte, Most, Edelbrände, Marmeladen, pikante Soßen, Essig usw. werden direkt bei uns am Hof produziert, Nektare und Kernöl wird regional in Lohnpressung hergestellt.

QUALITÄTSSICHERUNG

Welche Vertriebswege verwenden Sie?
Sie können bei uns Ab-Hof in unserem Hofladen einkaufen (wird auch gern von unseren Zimmergästen genutzt), sich in unsere Stammkundenliste aufnehmen lassen und regelmäßig Frei-Haus-Zustellung genießen oder auf dem Versandweg via Internet oder telefonisch bestellen (so ist auch in Gebieten, die nicht auf unserem Tourenplan liegen, eine Lieferung möglich).

Müssen Sie bzw. Ihre Produkte bestimmte Auflagen erfüllen/Vorschriften einhalten – wenn ja, welche?
Seit 2017 bewirtschaften wir unseren Obstbaubetrieb biologisch, demnach unterliegen wir den strengen Auflagen und regelmäßigen Kontrollen der Bio-Austria-Garantie.
Vorschriftsgemäß führen wir auch eine Registrierkassa, unterliegen den Hygienebestimmungen und Lebensmittelkennzeichnungspflichten. Wir besitzen ein Abfindungsbrennrecht, unterliegen der amtlichen Zollaufsicht und der Alkoholsteuerverordnung.

Welchen Herausforderungen mussten/müssen Sie sich stellen?
Dem immer größer werdenden Konkurrenzdruck durch Supermärkte und Discounter – Obst aus dem Ausland wird oft billigst angeboten und ist das ganze Jahr verfügbar. Der Kunde erwartet immer billiger werdende Ware zur höchsten Qualität – dem ist bei der Produktion oft kaum nachzukommen, da durch die erschwerten Wetterbedingungen der letzten Jahre und der stetig steigenden Erhaltungs- und Lohnkosten alles teurer wird. Auch der stetige Anstieg der Büroarbeiten, um allen Auflagen gerecht zu werden und zum Erhalt der Kundenbindung, ist fordernd.

Ihr größter UnternehmerInnen-Wunsch für die Zukunft ist?
Mit geringeren Mitteln und Zwängen „von dem, was der Hof hervorbringt", unabhängiger leben zu können – mit weniger Stress, Leistungsdruck und Konkurrenzkampf im Einklang mit der Natur.

QUALITÄTSSICHERUNG

Quellen:

[1] **Broschüre Bäuerliche Direktvermarktung von A–Z** der Landwirtschaftskammer Österreich/ LFI Österreich (Herausgeber)
Quelle https://www.gutesvombauernhof.at/uploads/media/intranet/DV_A-Z___Recht/DV_von_A_bis_Z_09-2013.pdf

[2] Auszug aus dem Handbuch zur Eigenkontrolle der Landwirtschaftskammer Österreich,
Quelle https://www.gutesvombauernhof.at/uploads/pics/Steiermark/HandbuchEigenkontrolleLebensmittelallgemein071108.pdf

[3] https://www.gutesvombauernhof.at/uploads/media/intranet/Hygiene/Handbuch_Eigenkontrolle_Auflage_5_X-2016.pdf

[4] https://www.gutesvombauernhof.at/uploads/pics/Steiermark/HandbuchEigenkontrolleLebensmittelallgemein071108.pdf

[5] Quelle der Definition: Wikipedia

[6] https://www.gutesvombauernhof.at/uploads/pics/Steiermark/HandbuchEigenkontrolleLebensmittelallgemein071108.pdf

[7] Quelle: Handbuch zur Eigenkontrolle Direktvermarktung, Seite 27, Landwirtschaftskammer Österreich

[8] Handbuch zur Eigenkontrolle Direktvermarktung, Seite 34, Landwirtschaftskammer Österreich

[9] https://www.verbrauchergesundheit.gv.at/lebensmittel/buch/hygieneleitlinien/hytienell.html

[10] https://www.verbrauchergesundheit.gv.at/lebensmittel/lebensmittelkontrolle/lm_kontrolle.html und
https://www.wko.at/branchen/gewerbe-handwerk/lebensmittelgewerbe/lebensmittelhygiene-leitlinien.html

[11] https://www.bmnt.gv.at/land/produktion-maerkte/Direktvermarktung/direktvermarktung.html

[12] https://www.gutesvombauernhof.at/oesterreich.html

[13] https://www.gutesvombauernhof.at/steiermark/guetesiegel.html

[14] https://www.bio-austria.at/bio-konsument/was-ist-bio/woran-erkenne-ich-bio/

QUALITÄTSSICHERUNG

Arbeitsaufgaben

Die zur umfassenden Lebensmittelhygiene gehörenden Aspekte (nenne fünf davon) in die Liste eintragen und mit dem Istzustand in einem Verarbeitungsraum der Schule oder am eigenen Betrieb vergleichen.

Aspekte der Lebensmittelhygiene	Vergleich mit dem Istzustand		
	erfüllt	Teilweise erfüllt	Nicht erfüllt

Bei Nichterfüllung die notwendigen Anforderungen bis zur Erfüllung definieren.

Einen Reinigungs- und Desinfektionsplan laut Vorlage für einen Verarbeitungsraum an der Schule oder am eigenen Betrieb erstellen.

Reinigungs- und Desinfektionsplan				
(Erstellung jährlich bzw. bei Änderung der Räume oder der verwendeten Mittel)				
Zu reinigender Bereich/Objekt	Verwendete Mittel	Konzentration/ Temperatur/Einwirkzeit	Häufigkeit	Anmerkungen

Datum: _____   Unterschrift: _____

QUALITÄTSSICHERUNG

Die Untersuchungen im Sinne der Eigenkontrolle aufzählen und deren Bedeutung erörtern.
a. Produktuntersuchung 1
b. Produktuntersuchung 2
c. Wasseruntersuchung

In der Direktvermarktung gibt es österreichweit gängige Qualitätssiegel. Diese sind zu beschreiben und die jeweiligen Vorteile zu interpretieren.

Qualitätssiegel	Beschreibung	Vorteile
AMA Gütesiegel		
AMA Bio Siegel		
Gutes vom Bauernhof		
Bio Austria		

Die Teilnahme an Produktprämierungen hat viele Vorteile für die Direktvermarktung von Produkten. Zähle fünf Vorteile auf und leite den Nutzen für die Vermarktung davon ab.

6 Produktpreiskalkulation

(Ing. Gabriela Stein, LK OÖ)

Grundkompetenzen:

- Einflussfaktoren auf die Preisgestaltung nennen.
- Die unterschiedlichen Kostenfaktoren herausarbeiten.
- Die Unterschiede des Anfalls der Kosten beschreiben.
- Den Nutzen einer Produktpreiskalkulation darstellen.
- Einen Preisvergleich mit ähnlichen Produkten von Mitbewerbern oder aus dem Handel ermitteln.

Erweiterte Kompetenzen:

- Eine Kalkulation der Zutaten laut Angaben erstellen und erklären.
- Anhand eines praktischen Beispiels aus dem Unterricht (z. B. Brotrezept der Schule) eine eigene Produktpreiskalkulation durchführen und Ergebnis begründen.
- Die Einflüsse des Marktes auf die Vermarktungspreise hinsichtlich mehrerer Faktoren erörtern.
- Das Verhalten der variablen und fixen Kosten bei einer höheren Produktionsmenge erklären und das Ergebnis interpretieren.
- Einfache Preiskalkulationen mehrerer Produkte aus einer Produktgruppe vergleichen.

6.1 Nutzen einer Produktpreiskalkulation

Die professionelle bäuerliche Direktvermarktung ist immer mit Investitionen verbunden. Daher ist vor Einstieg in den Betriebszweig, bei Einführung von neuen Produkten und als Kontrolle zwischendurch die Wirtschaftlichkeit zu überprüfen. Den „richtigen Preis" für Direktvermarktungsprodukte am Markt zu verlangen, entscheidet langfristig über den wirtschaftlichen Erfolg und Bestand der Direktvermarktung als erfolgreichen Betriebszweig. Um kostendeckende bzw. gewinnbringende Preise für Produkte zu erzielen, muss man wissen, welche Kosten der Erzeugung zugrunde liegen. Oft passiert Preisgestaltung noch immer nach Gefühl oder was der Mitbewerber/Handel verlangt, weil die eigenen Herstellungskosten nicht bekannt sind. Die vom Produzenten oft an die Beratung gestellte Frage: „Wie viel kann oder muss ich für mein Produkt verlangen?", ist für jeden Betrieb und für jedes Produkt anders zu beantworten. Jeder Betrieb geht von unterschiedlichen Voraussetzungen aus.

Mit dem „richtigen Preis" müssen variable und fixe Kosten abgedeckt und eine zufriedenstellende Arbeitsentlohnung erzielt werden. Richtpreisempfehlungen sind daher in der bäuerlichen Direktvermarktung nur bedingt möglich, da bauliche und technische Ausstattung, der Arbeitseinsatz für Verarbeitung, Vermarktung von Betrieb zu Betrieb bei gleichen Verarbeitungsprodukten sehr unterschiedlich sein können. Jede Produktgruppe muss einzeln berechnet werden. Es kann durchaus vorkommen, dass einzelne Produkte nicht gewinnbringend verkauft werden können, zur Abrundung des Gesamtsortiments und somit zur Attraktivität für den Kunden aber einen wesentlichen Beitrag leisten. Wichtig ist der Erfolg der gesamten Direktvermarktung. Besonders wichtig ist die Produktpreiskalkulation für Neueinsteiger, damit von Beginn an mit dem „richtigen Preis" gestartet wird und kein Preisdumping betrieben wird. Kenntnis der kostendeckenden Produktpreise fördert selbstbewusstes Auftreten bei Preisdiskussionen mit Kunden, ist Basis für Preisverhandlungen mit dem Handel und sichert langfristig den Betriebserfolg!

6.2 Einflussfaktoren für die Preisgestaltung

Neben den Kosten haben nachstehende Faktoren ebenfalls Einfluss auf die Preisgestaltung:
- Eigenschaft des Produkts – besondere Qualität/traditionelles Herstellungsverfahren oder nach alten Rezepturen
- Nachfrage und Angebot – saisonales und regionales Angebot
- Konkurrenzsituation – Mitbewerber
- Trendprodukte

6.3 Grundlagen der Produktpreiskalkulation

Zur Durchführung einer Produktpreiskalkulation müssen die „Kosten" ermittelt werden. Je exakter die Kostenermittlung, desto exakter ist das Ergebnis! Folgende Kostenarten sind zu ermitteln:

Variable Kosten: produktionsabhängige Kosten, fallen nur an, wenn produziert wird, und verhalten sich proportional zum Produktionsumfang. Dazu zählen:
- Materialkosten:
  Ausgangsprodukte aus eigener Produktion – Urproduktion und zugekaufte Zutaten. Bei Naturalentnahme aus dem landwirtschaftlichen Betrieb erfolgt die Bewertung mit Großhandelspreisen. Milch aus dem landwirtschaftlichen Betrieb für die Weiterverarbeitung, z. B. zu Joghurt, wird mit dem Molkereipreis bewertet. Bei Zukauf weiterer Zutaten erfolgt die Bewertung mit Einzelhandelspreisen.
- Energiekosten (Strom, Wasser, Holz …)
- Hilfsstoffkosten (Verpackungsmaterial, Etiketten …)
- Reinigung, sonstige Kosten wie Transportkosten
- Beiträge an die SV der Bauern für die Be- und Verarbeitung (Höhe hängt vom Umsatz ab)

Fixe Kosten: produktionsunabhängige Kosten, fallen auch ohne Produktion an. Sie verhalten sich nicht proportional zum Produktionsumfang. Je mehr produziert wird, desto weniger wirken sie auf das Einzelprodukt.
- Investitionen:
  werden in Form der Abschreibung berücksichtigt Anschaffungspreis/Nutzungsdauer = Abschreibung für Abnutzung pro Jahr
- Instandhaltungskosten:
  1 bis 3 % der Anschaffungskosten
- Versicherungen
- Entlohnung von fixen Arbeitskräften
- Marketing
- Allgemeine Verwaltungskosten (z. B. Mitgliedsbeiträge)

Kalkulatorische Fixkosten:
- Lohnansatz für die eigene Arbeitskraft
- Zinsansatz

> Jahresumsatz
> (Roherlös/Rohertrag) =
> Preis x Menge
> - variable und fixe Kosten
> = Einkommen
> ÷ Jahresarbeitszeit in Stunden
> = Einkommensbeitrag je Arbeitskraftstunde Akh
> = Lohn für meine Arbeit!

Deckungsbeitrag = Preisuntergrenzen, dies sind wichtige Lenkungsinstrumente in der Preisgestaltung und Preisfestsetzung
- **Deckungsbeitrag I (DB I) = kurzfristige Preisuntergrenze**
  o Umsatz minus variable Kosten
  o Der DB I sagt aus, was übrig bleibt, wenn vom Umsatz die variablen Kosten abgezogen werden.

PRODUKTPREISKALKULATION

Deckungsbeitrag =
Differenz zwischen Erlös und variablen Kosten

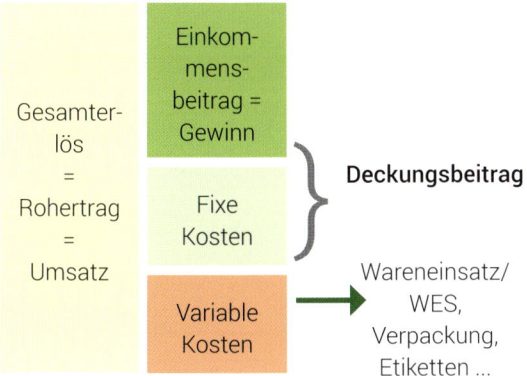

- o Ist der DB I negativ, sollte das Produkt aus der Produktion genommen werden.
- **Deckungsbeitrag II (DB II) =** mittelfristige Preisuntergrenze
  - o Umsatz minus variable Kosten, minus fixe Spezialkosten.
  - o **Fixe Spezialkosten** sind fixe Kosten, die dem Produkt direkt zugeordnet werden können. Beispiele dafür sind die AfA und Instandhaltung für spezielle Bauten, Maschinen und Geräte, z. B. Nudelmaschine für Nudelproduktion, Lohnansatz für Nudelproduktion und Beiträge zur Sozialversicherung der Bauern für Be- und Verarbeitung – Nebentätigkeit.
  - o **Ist der DB II negativ**, sind folgende Maßnahmen zu überlegen: Kosten senken, Produktion/Auslastung steigern, Preis erhöhen oder Produkt vom Markt nehmen, wobei dann zu beachten ist, dass die Fixkosten von diesem Produkt von den anderen Produkten getragen werden müssen – wichtig ist daher der Gesamtüberblick des Betriebszweiges Direktvermarktung.
- **Deckungsbeitrag III (DB III) =** langfristige Preisuntergrenze
  - o Umsatz minus variable Kosten, minus fixe Spezialkosten, minus Gemeinkosten (inkl. Risikozuschlag).
  - o Unter **Gemeinkosten** versteht man Kosten, die nicht direkt einem Produkt zugeordnet werden können. Diese werden daher meistens prozentmäßig vom Umsatzanteil des jeweiligen Produkts am Gesamtumsatz dem Produkt zugerechnet. Darunter fallen z. B. die Afa und Instandhaltung von Bauten, Einrichtungen, Maschinen und Geräte, die für alle Produkte genutzt werden.
  Ein Fleischverarbeitungsraum wird z. B. für alle Fleischprodukte genutzt. Ebenso zählt z. B. der Lohnansatz für die gemeinschaftliche Vermarktung am Bauernmarkt wie auch der Risikozuschlag zu den Gemeinkosten.

Berechnung von Mindestumsatz und Mindestverkaufspreis für ein Produkt

> Fixkosten pro Jahr
> + variable Kosten pro Jahr
> + Risikozuschlag (5 bis 10 %)
> + Unternehmerlohn
> (gewählter Stundenlohn/Jahr)
> = Mindestumsatz für dieses Produkt
> ÷ produzierte Menge
> = Mindestverkaufspreis

Risikozuschlag:
- Wird für Produktionsausfälle – Verderb dazugerechnet
- Entweder aus Aufzeichnungen oder 5 bis 10 % der variablen Kosten

Gemeinkostenzuschlag:
- Stehen im Zusammenhang mit der Verarbeitung und können dem einzelnen Produkt nicht direkt zugeordnet werden.
- Sind in der Planungsphase der Direktvermarktung Daten für z. B. Werbung, Telefon, Standgebühren … nicht bekannt, kann ein Pauschalzuschlag in Höhe von 5 bis 10 % der variablen Kosten angesetzt werden.

Schwund:
- Wird als Prozentsatz beim Wareneinsatz pro Charge dazugerechnet.
- Je nach Produkt schwankt dieser zwischen 0 bis 10 %

6.4 Erforderliche Daten für eine Produktpreiskalkulation

Folgende Daten müssen erhoben bzw. recherchiert werden:

- Auflistung der Produkte nach Einheit, Verkaufspreis pro Einheit, Einheiten pro Charge und Anzahl der Chargen pro Jahr. Daraus errechnet sich der Jahresumsatz.
- Arbeitszeiten pro Jahr, die alle Produkte betreffen (Verkauf, Marketing, Weiterbildung, Reinigung …), können nicht auf einzelnes Produkt heruntergebrochen werden.
- Investitionen (bauliche Maßnahmen, Einrichtungen, Maschinen und Geräte), die alle Produkte betreffen. Anschaffungskosten, Anschaffungsjahr sowie Nutzungsdauer sind zu erheben.
- Die Nutzungsdauer für die Kalkulation wird wie folgt vorgeschlagen, kann jedoch auch vom Produzenten nach seinem Ermessen angesetzt werden:
    - Bauliche Maßnahmen und Einrichtungen: 20 Jahre
    - Maschinen und Geräte: 10 Jahre
    - Geringwertige Wirtschaftsgüter: 5 Jahre
- Geringwertige Wirtschaftsgüter, die alle Produkte betreffen (z. B. Waage)
- Allgemeine Wirtschaftskosten pro Jahr, die alle Produkte betreffen, z. B. Mitgliedsbeiträge, Standgebühren, Energiekosten, Reinigungsmittel, Eigenkontrollkosten, Weiterbildungskosten, Steuerberater anteilig, Versicherung anteilig …

Alle erhobenen Daten werden anteilig dem Produkt zugeordnet.

Datenerhebung pro Produkt:
In der Praxis hat sich die Erhebung des Wareneinsatzes (Rohstoffe aus eigener Landwirtschaft oder zugekauft), der Arbeitszeit und der Hilfsstoffkosten (z. B. Verpackungskosten) pro Charge (= ein Herstellungsprozess), bewährt.
Eine Charge stellt in der Regel eine überschaubare Einheit dar, für den speziell die Arbeitszeit gut erhoben werden kann.
Werden für ein Produkt spezielle Investitionen getätigt, sind diese zur Gänze dem Produkt zuzuordnen = fixe Spezialkosten.

Tipp: Nutzen Sie das Beratungsangebot „Produktpreiskalkulation" der Landwirtschaftskammern zur Errechnung des Verkaufspreises!

6.5 Umsetzungsschritte und Erkenntnisse in der Praxis am Beispiel Bauernbrot

Am Beispiel „Bauernbrot" werden anhand eines einfachen Rechenmodells die Schritte einer Preiskalkulation in der Praxis aufgezeigt. Nach Ermittlung der Investitionskosten, der variablen Kosten, des Arbeitszeitbedarfs und den prozentmäßigen Zuschlägen für Gemeinkosten und Risikoabdeckung ergibt sich daraus der Mindestpreis für 1 kg Bauernbrot.

6.5.1 Investitionskosten

Tabelle 6.1 zeigt die prozentmäßige Aufteilung der Umsätze auf die einzelnen Produkte. Die Umsatzanteile der einzelnen Brote/Kleingebäcke dienen

Produkte	Einheit pro EH	Preis pro EH in €	EH pro Charge	Chargen pro Jahr	Erlös pro Jahr in €	Erlös pro Jahr in %
Bauernbrot	kg	4,00	50	100	20.000	68,97
Vollkornbrot mit Leinsamen	kg	6,00	20	40	4.800	16,55
Roggenweckerl mit Sonnenblumenkernen	Stück	1,20	50	70	4.200	14,48
SUMME					29.000	100

Tabelle 6.1: Produktgruppe Brot mit gemeinsamem Investitionsbedarf

als Aufteilungsschlüssel für die jährlichen Fixkosten der Investition. Im Beispiel der Produktpreiskalkulation wird speziell der Preis des Bauernbrots berechnet.

Die anfallenden Investitionskosten (Kapitalbedarf) für die Herstellung von Bauernbrot werden in Tabelle 6.2 dargestellt. Die Kosten setzen sich zusammen aus einem Holzbackofen, Brotbackraumadaptierung, Ladeneinrichtung, einer gebrauchten Knetmaschine, Getreidemühle, Gastro-Geschirrspülmaschine, Brotschieber, Brotkörbe und sonstigem Kleinmaterial. Zu beachten ist, dass nur 68,97 % der gesamten Anschaffungskosten berücksichtigt werden, da der Umsatz an Bauernbrot 68,97 % des Gesamtumsatzes der Brotdirektvermarktung beträgt. Der Kapitalbedarf für die Bauernbroterstellung beträgt daher € 18.966,75.

Der Betrieb stellt insgesamt 3 Brotsorten her. Nach dem Anteil am Gesamtumsatz werden für das Bauernbrot 68,97 % der Anschaffungskosten berücksichtigt. Daher sind auch Abschreibung, Zinssatz und Instandhaltung anteilig zu berücksichtigen, wie in Tabelle 6.2 dargestellt. Als Nutzungsdauer/ND wurden beim Holzbackofen, der Raumadaptierung und der Ladeneinrichtung 20 Jahre, bei Knetmaschine, Getreidemühle und dem Gastro-Geschirrspüler 10 Jahre und bei den Brotschiebern, Brotkörben und sonstigem Kleinmaterial 5 Jahre Nutzungsdauer/ND angenommen.

Der Zinssatz berechnet sich näherungsweise mit dem halben Anschaffungspreis × Zinssatz (Durchschnittszinssatz 2 %; Mischfinanzierung Eigenmittel und Kredit). Für Instandhaltung wurden beim Backofen und bei der Ladeneinrichtung 1 %

Investitionen	Anschaffungspreis (A)	Abschreibung pro Jahr A/ND in €	Zinssatz pro Jahr in €	Instandhaltung pro Jahr in €
Mischfinanzierung (Eigenmittel und Kredit) × Durchschnittszinssatz = 2% Zinssatz (näherungsweise) = Anschaffungskosten ÷ 2 × Zinssatz				
Bauliche Maßnahmen ND pro 20 Jahre	Anschaffungskosten anteilig	Abschreibung pro Jahr AfA anteilig	Zinssatz pro Jahr anteilig	Instandhaltung pro Jahr anteilig
Holzbackofen, Raumadaptierung	€ 13.794,00	€ 689,70	€ 137,94	€ 137,94 (1 %)
Ladeneinrichtung	€ 3.448,50	€ 172,43	€ 34,49	€ 103,46 (3 %)
Maschinen & Geräte ND/10 Jahre				
Knetmaschine, gebraucht	€ 413,82	€ 41,38	€ 4,14	€ 12,41 (3 %)
Getreidemühle	€ 379,34	€ 37,93	€ 3,79	€ 11,38 (3 %)
Gastro-Geschirrspüler	€ 620,73	€ 62,07	€ 6,21	€ 18,62 (3 %)
Brotschieber, Brotkörbe, sonstiges Kleinmaterial ND pro 5 Jahre	€ 310,37	€ 62,07	€ 3,10	€ 0
Summe	**€ 18.966,75**	**€ 1.065,59**	**€ 189,67**	**€ 283,81**

Tabelle 6.2: Investitionskosten (Kapitalbedarf) Bauernbrot

PRODUKTPREISKALKULATION

des Anschaffungspreises gerechnet. Bei Knetmaschine, Getreidemühle und Gastro-Geschirrspüler jeweils 3 %.

6.5.2 VARIABLE KOSTEN

Zusätzlich zu den Fixkosten fallen variable Kosten an. Deren Höhe variiert je nach produzierter Menge. Tabelle 6.3 zeigt die Materialkosten pro Charge, also für 50 kg Bauernbrot. Zusätzlich sind noch Kosten für Strom, Wasser, Verpackung und Transport berücksichtigt.

6.5.3 ARBEITSZEIT

Bei der Arbeitszeitermittlung wird die Zeit für Teigbereitung (inklusive Vorarbeiten), Backzeit, Reinigung sowie Zeitaufwand für Verkaufsaktivitäten und „Büroarbeit" berücksichtigt. Auch hier ist nur der Anteil für das Bauerbrot zu unterstellen. Für 50 kg Bauernbrot ergibt dies eine Gesamtarbeitszeit von 4 Stunden (siehe Tabelle 6.4).

6.5.4 GESAMTKOSTEN UND STUNDENLOHN

In Tabelle 6.5 sind die jährlichen Gesamtkosten, die Kosten je Charge und je kg Bauernbrot angeführt.

Rezeptur pro Charge 1 Charge = 50 Einheiten = 50 kg Bauernbrot	Kosten pro EH in €	Kosten pro Charge in €
Materialkosten		
30,00 kg Roggenmehl	0,90	27,00
5,5 kg Weizenmehl	0,85	4,68
600 g Salz (500 g/€ 0,79)	1	0,95
6,0 kg Sauerteig	1,00	6,00
100 g Germ/Hefe (1 Würfel = 40 g = € 0,21)	1	0,53
400 g Brotgewürz (500 g/€ 4,50)	1	3,60
Zwischensumme		**42,76**
Energiekosten		
Strom, Warmwasser, Holz		9,00
Hilfsstoffkosten		
Brotwickelpapier, Papiertragtaschen	0,10	5,00
Sonstige Kosten (z. B. Transport)		
30 km Transport	0,42	12,60
Summe variable Kosten pro Charge		**69,36**

Tabelle 6.3: Übersicht der variablen Kosten

PRODUKTPREISKALKULATION

Arbeitsgang pro Charge = 50 kg	AKh Bedarf pro Charge
Teigbereitung mit Vorarbeiten	1,2 AKh
Backzeit – nur anteilig eingerechnet	1,2 AKh
Reinigung	0,5 AKh
Anteiliger Zeitaufwand für Verkaufsaktivitäten, Marketing und Büroarbeit	1,1 AKh
Gesamtarbeitszeit	**4 AKh**

Tabelle 6.4: Arbeitszeit

Neben den Investitionskosten und den variablen Kosten wurde dabei auch ein Gemeinkostenanteil für Werbung, Telefon, Versicherung … sowie ein Risikozuschlag für Ausfälle und Verderb in Höhe von je 10 % der variablen Kosten berücksichtigt.

Das Ergebnis der Produktpreiskalkulation zeigt: Um alle anfallenden Kosten zu decken und einen gewünschten Stundenlohn von € 15,– zu erzielen, muss der Verkaufspreis für 1 kg Bauernbrot bei mindestens € 3,17 liegen. Die berechneten € 3,17 pro kg Bauernbrot stellen einen Mindestpreis bzw. die Preisuntergrenze für den Direktvermarkter dar. Erhöht man den Verkaufspreis, erhöht sich auch der erzielte Stundenlohn. Zu beachten ist, dass Überkapazität ebenso wie Unterkapazität zu höheren Kosten führt. Mit gesteigerter Produktionsmenge sinkt der Arbeitsaufwand pro kg Brot. Dafür sind aber größere Gerätschaften und, damit verbunden, zusätzliche Investitionen notwendig. Zu überlegen

Gesamtkosten & Entlohnung	Kosten pro Jahr 100 Chargen pro Jahr	Kosten pro Charge 50 EH pro Charge	Kosten pro EH 1 EH = 1 kg
Der Investitionskostenanteil für das Bauernbrot beträgt 68,97 %			
Abreibung	€ 1.065,59	€ 10,66	€ 0,21
Zinsansatz	€ 189,67	€ 1,90	€ 0,04
Instandhaltung	€ 283,81	€ 2,84	€ 0,06
Variable Kosten	€ 6.935,50	€ 69,36	€ 1,39
10 % Gemeinkostenzuschlag (Werbung, Telefon, Versicherung …)	€ 693,55	€ 6,94	€ 0,14
10 % Risikozuschlag (Produktionsausfall, Verderb …)	€ 693,55	€ 6,94	€ 0,14
Gesamtkosten	**€ 9.861,67**	**€ 98,62**	**€ 1,97**
Lohnansatz € 15 pro AKh (erwünschter Stundenlohn × AKh)	€ 6.000,00	€ 60,00	€ 1,20
SUMME = Preisuntergrenze = Mindestpreis für 1 kg Bauernbrot	**€ 15.861,67**	**€ 158,62**	**€ 3,17**

Tabelle 6.5: Gesamtkosten, Entlohnung und Mindestpreis für 1 kg Bauernbrot

ist, ob nicht eine Sortimentserweiterung in Richtung Spezialbrote oder Kleingebäck sinnvoll wäre. Spezialbrote (z. B. Brote mit Nüssen, Keimlingen, Ölsaaten) erzielen im Verhältnis zum Aufwand höhere Preise als klassisches Bauernbrot, wie das ebenfalls produzierte Vollkornbrot mit Leinsamen zeigt.

6.6 Preisstrategien und deren Auswirkungen

Der **Preis** ist der einzige Faktor, der Umsätze bewirkt. Daher ist die auf den Betrieb und das Produkt maßgeschneiderte Preisgestaltung wichtigste Voraussetzung für eine erfolgreiche Direktvermarktung. Kosten senken ist vielfach ausgereizt.

Der **Cash-Flow** ist eine betriebswirtschaftliche Kennzahl über Finanzkraft, Liquiditätslage (Kreditwürdigkeit) des Betriebs. Dabei werden Einzahlungen und Auszahlungen (AfA wird nicht berücksichtigt) innerhalb eines bestimmten Zeitraums einander gegenübergestellt, und somit können Aussagen zur Liquidität eines Betriebs ermöglicht werden.
Wirksamster Cash-Flow-Treiber ist der PREIS – dann erst die Menge! (siehe Tabelle 6.6)

Welche Bedeutung der Betriebszweig „Direktvermarktung" im Gesamtbetrieb darstellt, kann mittels Betriebskonzept aufgezeigt werden. Sie wollen nicht nur den Betriebszweig Direktvermarktung, sondern den Gesamtbetrieb durchleuchten? Dann bietet sich das Betriebskonzept an. Hier finden Sie eine Anleitung zur Selbsterstellung eines Betriebskonzepts: https://bit.ly/2HaWi24.

https://bit.ly/2HaWi24

Für die Erstellung eines Betriebskonzepts auf Basis www.betriebskonzept.at nehmen Sie Kontakt mit Ihrer Landwirtschaftskammer auf, die Sie bei der Berechnung unterstützt. Das Betriebskonzept ist ab bestimmten Investitionssummen Voraussetzung zur Erlangung von Fördergeldern.

Praxisbeispiel einer Mindestpreisberechnung am Beispiel „Bauernbrot"

Tipp: Das Excelprogramm zur Mindestpreisberechnung finden Sie online zum Download unter https://bit.ly/2J9kCow.

https://bit.ly/2J9kCow

	10 % Preiserhöhung	10 % Senkung Mitarbeiterkosten	10 % Senkung WES	10 % Preissenkung
Umsatz/Kunde	€ 5,70	€ 6,27	€ 5,70	€ 5,70	€ 5,13
Umsatz gesamt 10.000 Kunden	€ 57.000	€ 62.700	€ 57.000	€ 57.000	€ 51.300
Wareneinsatz	€ 15.400	€ 15.400	€ 15.400	€ 13.860	€ 15.400
Mitarbeiterkosten	€ 17.100	€ 17.100	€ 15.390	€ 17.100	€ 17.100
Übriger Betriebsaufwand	€ 14.500	€ 14.500	€ 14.500	€ 14.500	€ 14.500
Gewinn	€ 10.000	€ 15.700	€ 11.710	€ 11.540	€ 4.300
Gewinnzuwachs in %		plus 57 %	17,1 %	15,4 %	minus 57 %

Tabelle 6.6: Preisstrategien – Auswirkungen

PRODUKTPREISKALKULATION

Arbeitsaufgaben:

1) Kalkulation der Zutaten für folgende Annahme:
Es werden 60 Faschingskrapfen nach einem einfachen Krapfenrezept (nach einem Kochbuchrezept) hergestellt. Für 30 Krapfen wird eine Mehlmenge von 1 kg gebraucht.
Die einzelnen Grundpreise für Lebensmittel sind zu erheben, wobei hier auch Preise laut Rechnungen aus dem Einkauf in der Schule verwendet werden dürfen.

Rezeptur pro Charge 1 Charge = 60 Stück Krapfen	Kosten pro EH in €	Kosten pro Charge in €
Zwischensumme		

2) Preisvergleich mit ähnlichen Produkten von Mitbewerbern und aus dem Handel
Wähle 5 Produkte einer Produktgruppe aus. Vergleiche Mengen der verkauften Produkte und deren Preise. Welche Maßstäbe können für einen Vergleich herangezogen werden? Eine Zusammenfassung der Ergebnisse ist zu erstellen.

3) Anhand eines praktischen Beispiels aus dem Unterricht (z. B. Brotrezept der Schule) eine eigene Produktpreiskalkulation mit dem online zur Verfügung gestellten Kalkulationsprogramm durchführen und Ergebnis begründen.

Variable Kosten

Rezeptur pro Charge 1 Charge = 50 Einheiten = 50 kg Bauernbrot	Kosten pro EH in €	Kosten pro Charge in €
Materialkosten		

PRODUKTPREISKALKULATION

Fixkosten

Investitionen	Anschaffungs-preis (A)	Abschreibung pro Jahr A/ND in €	Zinssatz pro Jahr in €	Instandhaltung pro Jahr in €
Durchschnittszinssatz = 2 %				
Bauliche Maßnahmen ND pro 20 Jahre	Anschaffungs-kosten anteilig	Abschreibung pro Jahr AfA anteilig	Zinssatz pro Jahr anteilig	Instandhaltung pro Jahr anteilig
Backstuben- und Ladeneinrichtung				
Maschinen & Geräte ND/10 Jahre				
Knetmaschine				
Summe				

Gesamtkosten und Mindestverkaufspreis

Gesamtkosten & Entlohnung	Kosten pro Jahr 100 Chargen pro Jahr	Kosten pro Charge 50 EH pro Charge	Kosten pro EH 1 EH = 1 kg
Abreibung			
Zinsansatz			
Instandhaltung			
Variable Kosten			
10 % Gemeinkosten-zuschlag (Werbung, Telefon, Versicherung ...)			
10 % Risikozuschlag (Produktionsausfall, Verderb ...)			
Gesamtkosten			
Lohnansatz € 15 pro AKh (erwünschter Stundenlohn × AKh)			
SUMME = Preisuntergrenze = Mindestpreis für 1 kg Bauernbrot			

PRODUKTPREISKALKULATION

Rezeptur pro Charge 1 Charge = 50 Einheiten = 50 kg Bauernbrot	Kosten pro EH in €	Kosten pro Charge in €
Zwischensumme		
Energiekosten		
Strom, Warmwasser, Holz		
Hilfsstoffkosten		
Brotwickelpapier, Papiertragtaschen		
Sonstige Kosten (z. B. Transport)		
30 km Transport		
Summe variable Kosten pro Charge		

Arbeitszeit

Arbeitsgang pro Charge = 50 kg	AKh Bedarf pro Charge
Gesamtarbeitszeit	

4) Jede Schülerin/jeder Schüler erstellt eine einfache Mindestpreiskalkulation mit dem online zur Verfügung stehenden Kalkulationsprogramm nach unterschiedlichen Rezepturen aus der gleichen Produktgruppe (z. B. Marmeladen, Gebäcke, Topfenaufstriche etc.) an, die Ergebnisse werden von den Schülern verglichen und die Erkenntnisse schriftlich festgehalten, um diese zu beurteilen.

Buchtipp

Direktvermarktung – Kalkulationsdaten für die Direktvermarktung (KTBL – Datensammlung, Herausgeber: Kuratorium für Technik und Bauwesen in der Landwirtschaft. https://bit.ly/2ZQApwV

7 Marketing

Grundkompetenzen:

- Den Begriff Marketing am Beispiel „Getreidekraftburger" erklären.
- Die Werbemöglichkeiten via Internet erläutern und je einen Vorteil nennen.
- Neben Werbung und Marketing noch drei weitere Erfolgsfaktoren in der Direktvermarktung nennen und kurz beschreiben.
- Die 7 P aus dem Marketing-Mix aufzählen und jeweils kurz erklären.
- Drei Qualitätsgütesiegel für Direktvermarktung in Österreich nennen und die Voraussetzungen zum Führen dieser Gütesiegel erläutern.

Erweiterte Kompetenzen:

- Am Beispiel „Getreidekraftburger" die Marketinggrundsätze erläutern und konkret schriftlich umsetzen.
- Drei Radlerbauernhöfe im Internet suchen, deren Marketingauftritte vergleichen und bewerten.
- Die Bedeutung von Werbung und Marketing innerhalb von vier anderen Erfolgsfaktoren beschreiben und für ein Produkt wie Fruchtsäfte diese fünf Erfolgsfaktoren nach eigener Einschätzung der Wichtigkeit nach ordnen und begründen.
- Die Zusammenhänge der 7 P als Marketing-Mix analysieren.
- Drei Produkte einer Produktgruppe (Kräuter, Milch, Brot etc.) nach den 4 W marketingtechnisch beschreiben und daraus ein Resümee ziehen.

Der Begriff **Marketing** oder Absatzwirtschaft bezeichnet zum einen den Unternehmensbereich, dessen Aufgabe (Funktion) es ist, Produkte und Dienstleistungen zu vermarkten (zum Verkauf anbieten in einer Weise, dass Käufer dieses Angebot als wünschenswert wahrnehmen); zum anderen beschreibt dieser Begriff ein Konzept der ganzheitlichen, marktorientierten Unternehmensführung zur Befriedigung der Bedürfnisse und Erwartungen von Kunden und anderen Interessengruppen (Stakeholder). Damit entwickelt sich das Marketingverständnis von einer operativen Technik zur Beeinflussung der Kaufentscheidung (Marketing-Mix-Instrumente) hin zu einer Führungskonzeption, die andere Funktionen wie z. B. Beschaffung, Produktion, Verwaltung und Personal mit einschließt.[1]

Anders gesehen könnte Marketing auch heißen[2]:

„Glückliche Kühe geben mehr Milch." – Man begeistert und überrascht seine Kunden und übertrifft somit deren Erwartungshaltung.

„Finde Wünsche, erkenne sie und erfülle sie." – Erkennen Sie, womit KonsumentInnen vielleicht nicht gerechnet haben und damit überaus positiv überrascht werden. Sämtliche Angebote müssen für den Kunden einen Nutzen aufweisen.

„Der Köder muss primär dem Fisch schmecken und nicht dem Angler." – Denn nur der Kunde entscheidet, was für ihn gut ist.

„Marketing funktioniert dann, wenn der Kunde zurückkommt und nicht das Produkt."

Gutes Marketing zu betreiben ist nicht immer einfach und es gibt keine perfekte Lösung für gezieltes Marketing.

In der heutigen Marktsituation ist der Produzent vielen Faktoren ausgesetzt:

- **Reizüberflutung** – Alles zu jeder Zeit und in unglaublich vielen Facetten des Angebots.
- **Anspruchsvolle KonsumentInnen** – wollen immer das Beste haben und erwarten vom Produzenten, dass er z. B. auch Saison-Gemüse zu jeder Zeit anbieten kann, was der Handel ja beinahe ganzjährig und rund um die Uhr schafft.
- **Preispolitische Strategien** – Es wird nicht immer das gekauft, wonach der Konsument greifen möchte, wenn ein anderes Produkt in der Erfüllung der Ansprüche (z. B. Einkauf von Tomaten) günstiger ist. Hier geht es um das Segment der Schnäppchenjäger, das es in jeder Produktgruppe gibt.
- **Austauschbarkeit der Produkte** – was insbesondere im Handel durch den Anstieg der Eigenmarken sehr stark zu befürchten ist. Hier werden insbesondere Produzenten wirtschaftlich sehr oft unter Druck gesetzt. Der Direktvermarktungsbetrieb hat hingegen „seine selbst produzierte Ware".
- **Der Wettbewerbsdruck** durch Angebote in Handelsketten trifft die Direktvermarktung weniger. Wer beim Direktvermarktungsbetrieb einkauft, kennt auch die Preise, und es wird nicht erwartet, die Produkte um Billigstpreise erwerben zu können, hier zählen auch Werte wie z. B. Nachvollziehbarkeit von Rohstoff und Produktion. Weil es viele Angebote gibt, schätzen viele Direktvermarkter den Wettbewerbsdruck aus ihrer Sicht hoch ein.
- Im Bereich der **Internetwerbung bzw. Social Media** gilt es immer mehr, den richtigen Content zu finden. Wonach suchen Menschen? Mit welchen Bezeichnungen/Schlüsselwörtern könnten die eigenen Kanäle gefunden werden? Social Media wird auch für Direktvermarktungsbetriebe im Sinne eines guten Marketing-Mix immer interessanter, da die Gruppe der Nutzer stark im Steigen begriffen ist bzw. man dadurch eine andere Käuferschicht erreichen kann.
- Bei welchen Produkten ist bereits eine **Marktsättigung** vorhanden bzw. was könnte an den eigenen Produkten anders, besser sein bzw. einen Mehrwert bieten? Diese Frage ist ebenso eine Frage des Marketings.

7.1 Erfolgsfaktoren für das unternehmerische Handeln

Marketing ist ein Teil der Erfolgsfaktoren, der allein aber nie für einen Gesamterfolg verantwortlich sein kann. Die Frage ist auch, wie stark andere Erfolgsfaktoren bei den handelnden Menschen ausgeprägt sind. Wer von seinem Produkt mehr als überzeugt ist, muss es noch lange nicht gut verkaufen, weil ihm der Umgang mit Kunden nicht gelingt. Manchen ProduzentInnen gelingt es auch, ihre guten, durchschnittlichen Produkte sehr überzeugend zu verkaufen, bis dahin, dass KonsumentInnen stolz darauf sind, zu diesen Produkten und ihrem Produzenten Zugang zu haben.

Die verschiedenen Erfolgsfaktoren wurden in der Studie „Diversifizierung – Land- und Forstwirtschaftliche Diversifizierung in Österreich, Autor Leopold Kirner, Auftraggeber LK Österreich"[3] durch eine Onlinebefragung genauer durchleuchtet, die ein sehr interessantes Ergebnis brachte:

„Zur Frage der Erfolgsfaktoren wurden 14 Optionen im Fragenbogen vorgegeben; diese konnten wiederum in einer fünfteiligen Skala von „Stimme voll zu" bis „Stimme überhaupt nicht zu" eingestuft werden. Abbildung 5 verdeutlicht, dass viele Faktoren erfüllt sein müssen, um die Diversifizierung erfolgreich am Betrieb umzusetzen, denn nur jeweils ein 1–2 % der BetriebsleiterInnen stuften die vorgegebenen Möglichkeiten als überhaupt nicht relevant ein. Der Index kennzeichnet den Durchschnitt der Einstufungen: Je niedriger der Index, desto wichtiger das jeweilige Thema: von 1,0 bis 5,0."

Frage: „Was sind aus Ihrer Sicht die zentralen Erfolgsfaktoren für eine gelingende Diversifizierung?"

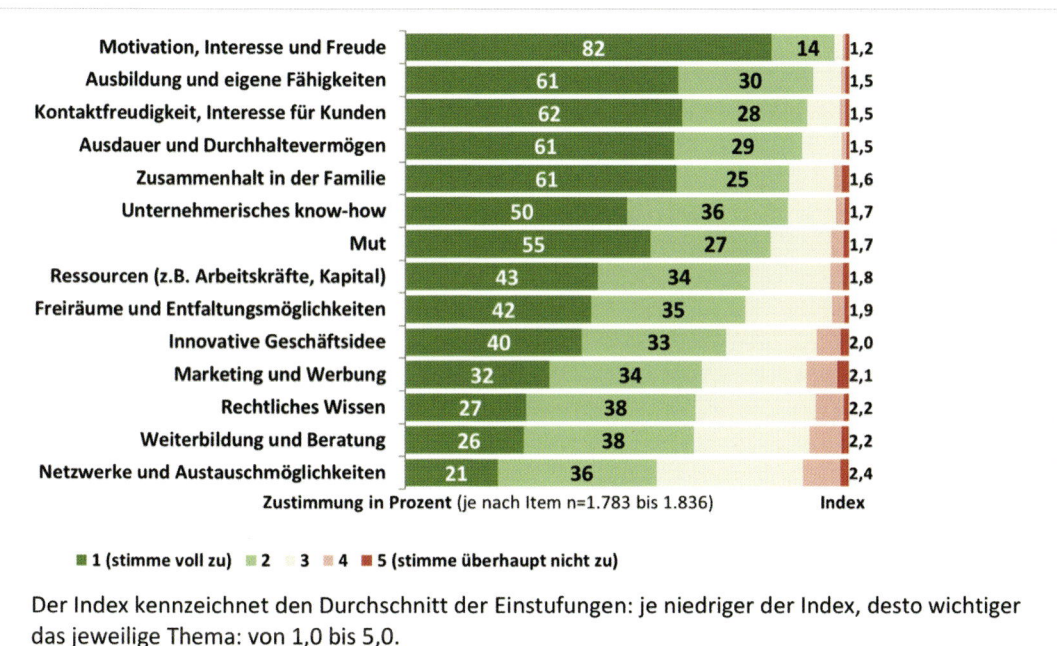

Abb. 7.1: Einschätzungen der Befragten zu den zentralen Erfolgsfaktoren für eine gelingende Diversifizierung[4]

Die Einstufungen der Befragten belegen die überwältigende Rolle der intrinsischen Motivation als zentralen Erfolgsfaktor für die Diversifizierung. 82 % stimmten dem Faktor Motivation, Interesse und Freude voll zu, weitere 14 % eher zu. Auch der Index von 1,2 verweist auf den hohen Zuspruch zu dieser Option. Danach folgen vier Erfolgsfaktoren, bei denen die Zustimmung zur ersten Stufe der Skala bei rund 61 % lag. Es handelt sich hier ebenso um persönliche wie soziale Faktoren. Einerseits die Rolle der Ausbildung und der Fähigkeiten der beteiligten Personen, zum anderen persönliche Stärken wie Kontaktfreudigkeit und Interesse für die KundInnen oder Ausdauer und Durchhaltevermögen. Darüber hinaus spielt auch der Zusammenhalt in der Familie eine große Rolle, weil in der Regel das Engagement mehrerer Personen notwendig ist. Die daran anschließenden Erfolgsfaktoren betreffen in erster Linie das Unternehmertum, der Bogen spannt sich hier vom unternehmerischen Know-how über Risikobereitschaft, Ressourcen bis hin zu Innovation und Marketing. Rechtliches Wissen sahen 27 % der Befragten als voll zutreffenden Erfolgsfaktor an, für die Weiterbildung und Beratung stimmten 26 % voll zu.

Auch bei den Erfolgsfaktoren unterscheiden sich die Einstufungen kaum zwischen den unterschiedlichen Zweigen in der Diversifizierung. Wiederum stimmten Befragte mit Direktvermarktung etwas häufiger den vorgegebenen Erfolgsfaktoren zu. Der zentrale Erfolgsfaktor Motivation, Interesse und Freude wurde beispielsweise von 85 % der Befragten als voll zutreffend eingestuft. Die Einstufungen der Befragten mit Urlaub am Bauernhof lagen fast gleichauf mit jenen aller diversifizierenden Betriebe."[5]

7.2 Marketingmaßnahmen aus Marketingsicht

Es wird nie eine einzelne Marketingmaßnahme allein erfolgreich sein, weil es immer mehrerer bis vieler Maßnahmen bedarf bzw. ein Marketing-Mix geschaffen werden muss.[6]

7.2.1 Marketing-Mix

Der Marketing-Mix bezeichnet die Festlegung und Umsetzung genauer Maßnahmen, die sich mit der Vermarktung beschäftigen. Die klassische Theorie bezeichnet für den Einsatz des Marketing-Mixes sieben Instrumente (die sieben Säulen oder auch 7 P genannt):
- Produktpolitik (Product)
- Preispolitik (Price)
- Kommunikationspolitik (Promotion)
- Distributionspolitik (Place)
- Personalpolitik (People)
- Prozesspolitik (Process)
- Physikalische Umgebung (Physical Facilities/Physical Environment)

Diese sollten aufeinander abgestimmt sein und aufeinander aufbauen.

Produktpolitik: Die Produktpolitik befasst sich mit Definition und Gestaltung aller Leistungsmerkmale der Produktion, damit die Bedürfnisse der Kunden erfüllt werden. Entscheidungen zu Produktvarianten, Produktinnovationen, Marken oder Garantieleistungen werden dabei definiert.
- Produktlebenszyklus
- Produktinnovation
- Produktvariation
- Produktdifferenzierung
- Produktdiversifikation
- Produktelimination

Preispolitik – Die Preispolitik definiert den Produktpreis, damit die Kunden diesen akzeptieren und das Produkt wettbewerbsfähig bleibt. Entscheidungen werden zu Niveau und Differenzierung der Preise getroffen.
- Preisstrategien
- Kostenorientierte Preispolitik
- Wettbewerbsorientierte Preispolitik
- Kundenorientierte Preispolitik
- Nachfrageorientierte Preispolitik

Kommunikationspolitik – Die Kommunikationspolitik dient zur Bestimmung, wie das Unternehmen auf seine Produkte aufmerksam macht, ebenfalls, mit welchen Mitteln der Kunde zum Kaufen animiert werden soll. Hierunter fallen Entscheidungen zu Sponsoring, Werbung, Öffentlichkeitsarbeit, Messen und Veranstaltungen.
- AIDA-Modell
- Prozesse der Kommunikationspolitik
- Instrumente Kommunikationspolitik

Vertriebspolitik – Die Distributionspolitik dient zur Bestimmung, wie Produkte vom Anbieter zum Kunden gelangen. Es geht um Absatzkanäle oder um Fragestellungen bezüglich der Logistik.
- Direktvertrieb
- Indirekter Vertrieb
- Distributionskanal/Absatzweg

Personalpolitik – Wenden Unternehmer die richtige Personalpolitik an, kann das Personal einem Betrieb zu Höhenflügen verhelfen, wenn es gelingt, das Personal als Teil des Betriebs zu machen und den MitarbeiterInnen bewusst wird, dass sie durch

ihren Einsatz, ihre Leistungen am Betriebserfolg beteiligt sind. Gutes Personal und Mitarbeitermotivation sind wertvolle Eckpfeiler eines gut florierenden Betriebs.
- Mitarbeitermotivation
- Weiterbildungen
- Personalkapazität
- Qualifikation des Personals

Prozesspolitik – Ziel dieses Marketinginstruments ist es, Prozesse effizient zu gestalten, an sich verändernde Bedingungen anzupassen und kundenorientierte Geschäftsprozesse zu etablieren. Es beantwortet die Fragen, was, wann, wie, womit und von wem erledigt wird, um die jeweilige Dienstleistung zu erbringen. Vor allem, wenn ein Direktvermarkter seine Produkte über den Onlineshop anbietet, müssen die Management- und Marketingprozesse nahtlos ineinandergreifen, um das bestmögliche Kundenerlebnis zu erzielen. Das beginnt bei einer übersichtlichen und werbewirksamen Darstellung der Produkte im Internet, hin zur Sicherstellung von Lagerbeständen und einer nahtlosen Lieferkette bis zum Endverbraucher.

Physikalische Umgebung – diese bezieht sich auf die Gestaltung des Geschäftsumfelds. Befindet sich unser Arbeitsplatz im Ortszentrum, nahe einer Straße oder abgeschieden in weitläufiger Landschaft, möglicherweise sogar auf einer Alm? Beraten wir den Kunden in Tracht oder in Arbeitskleidung? Verwenden wir für unsere Visitenkarten Recyclingpapier oder Holz?

Weitere P
Ist der Marketing-Mix optimal, kann das Unternehmen mit weiteren Maßnahmen auf die Vermarktung eines Produkts einwirken. Dabei ergeben sich die folgenden Fragen, die sich durch die Berücksichtigung weiterer P beantworten lassen:
- Ist das Produkt für Kunden attraktiv?
- Stimmt der Preis mit seiner Wertvorstellung überein?
- Ist der Verkaufsweg optimal organisiert?
- Wird das Produkt angemessen präsentiert?
- Sind die Chancen hoch, dass sich Kunden für dieses Produkt entscheiden?

Angesichts der globalen gesellschaftlichen und wirtschaftlichen Situation kommen manche Marketingexperten auch mit diesen 7 P nicht mehr aus. So stellen Veronika Bellone und Thomas Matla in ihrem „Praxisbuch Dienstleistungsmarketing" 6 weitere relevante P vor:
- Zweck (**P**urpose): Welcher gesellschaftliche Zweck soll erzielt werden?
- Leistung (**P**erformance): Welche Leistung wird erbracht?
- Partnerschaft (**P**artnership): Welche Kooperationspartner benötige ich?
- Antrieb (**P**ropulsion): Welche Technologie verwende ich?
- Treibende Kraft (**P**ropellent): Wer sind meine Kunden?
- Schutz (**P**rotection): Welche Sicherheitsmaßnahmen muss ich ergreifen?

7.2.2 Markenführung – die 4 W

Eine weitere Anlehnung für ein erfolgreiches Marketing sind die 4 W:

Werterzeugung – Die Erzeugung wertvoller Produkte müssen den Kunden auf einen Wertvorteil für sich hinweisen. Damit diese Wertvorteile erkannt werden, muss das Produkt gegenüber anderen gleichartigen Produkten herausragen. Als Produzent muss ich auf Dauer bessere oder besondere Produkte erzeugen, um zu einer guten Marke zu werden.

Wahrnehmung – Wie komme ich zur Wahrnehmung durch die Kunden, dass es mich mit meinen besonderen Produkten gibt? Wahrgenommen werde ich, wenn ich besser bin als andere, eine sehr verlässliche Qualität anbiete und immer wieder mit neuen Besonderheiten aufwarten kann. Daran heißt es ständig zu arbeiten, um die positive Wahrnehmung zu erhalten und weiter zu stärken. Dazu können beispielsweise Prämierungserfolge (siehe Praxisbeispiel Moser) beitragen.

Wertschätzung – Wie viel ist mir als Kunde dieses Produkt wert? Eine verlässliche Marke kann sehr gut eingeschätzt werden und man kennt üblicherweise auch das Preisgefüge dieser Marke. Nicht umsonst sagt man oft umgangssprachlich: Das ist der „Mercedes" unter den angebotenen Produkten.

Wertschöpfung – Eine große Wertschätzung für die erzeugten Produkte mit einem gewinnbringend kalkulierten Preis führt zu einer guten Wertschöpfung. Der Kunde hat das Gefühl, mehr für sein Geld bekommen zu haben. Dies führt zur Zufriedenheit beider Seiten! Der Produzent hat wirtschaftlich eine gute Wertschöpfung und der Kunde sieht dies hinsichtlich der erworbenen Produkte.[7]

7.3 Qualitätsprogramme aus Marketingsicht

Vergleiche mit Kapitel 5, 5.5 Qualitätsprogramme
Die etablierten Qualitätsprogramme in der Direktvermarktung haben klare Richtlinien und sind von den Konsumenten anerkannt. Die Wortbildmarken sind bekannt und der Konsument kann die Qualität und auch den Preis einschätzen. Insbesondere sind diese Qualitätsprogramme über große Regionen gespannt. Der Konsument hat den Vorteil, auch außerhalb seiner Heimatregion ebenso Produkte mit gesicherter Qualität einzukaufen.

7.4 Gütesiegel und Qualitätssicherungsprogramme aus Marketingsicht

Vergleiche mit Kapitel 5, 5.6 Gütesiegel als Qualitätssicherung

Die in Österreich etablierten Gütesiegel sind inhaltlich exakt definiert und werden nur an jene Betriebe vergeben, die nach den vorgegebenen Auflagen produzieren. Laufende interne und externe Kontrollen garantieren dem Kunden geprüfte Qualität. Für den Betrieb ist daher die Verwendung des Gütesiegels, z. B. auf Verpackungen, der Homepage bis hin zu einem Aufdruck am T-Shirt, das der Produzent beim Verkauf am Marktstand trägt, ein wichtiges Marketinginstrument, das für sich allein spricht.

Gütesiegel geben den KundInnen Sicherheit beim Lebensmitteleinkauf.

7.5 Praxisbeispiel Radlerbauernhof Moser, Mitterkirchen; www.radlerbauernhof-moser.at

**FREUDE am TUN und QUALIÄT
führen zum ERFOLG**

Christine und Andreas Moser punkten mit langjähriger hoher Qualität bei ihren Obstprodukten, im Mostschank und als Urlaub-am-Bauernhof-Betrieb!

Andreas Moser – Produzent der Jahre 2015 & 2017 & 2019 – ein absoluter Prämierungsrekord der AB HOF in Wieselburg/Niederösterreich!

Andreas Moser – vom gelernten Glaser zum Topproduzenten – eine Erfolgsgeschichte!

Der Radlerbauernhof liegt nur 300 Meter neben dem Donauradweg Passau–Wien, am Ortsrand von Mitterkirchen im Machland in Oberösterreich, in ruhiger Lage.

MARKETING

Betriebszweige:
- Gewerblicher Mostschank
- Gewerbliche Vermietung mit Spezialisierung auf einen Radlerbauernhof
- Obstveredelung zu Mosten, Cider, Säften, Likören und Edelbränden
- Weinbau seit 2014
- Ackerbau (Dinkel, Gerste, Mais), Grünland inkl. 2 ha Streuobstwiesen

Bis 2002 Rinder- und Milchwirtschaft, derzeit noch einige Ziegen.

Urlaub am Bauernhof: Seit 1994 Urlaub am Bauernhof, Betrieb qualitätsüberprüft und mit vier Blumen ausgezeichnet, sowie als Radlerbauernhof spezialisiert.

2003: Betriebsübernahme von den Eltern von Andreas Moser

2006: Eröffnung des Mostschanks

2006: Andreas Moser legt Konzessionsprüfungen ab, und seit diesem Zeitpunkt werden der Mostschank und Urlaub am Bauernhof als Gewerbetrieb geführt.

Christine und Andreas Moser „durchleuchten" kritisch ihre Faktoren und wählen dazu die Methode der SWOT-ANALYSE.

Die Betriebsgröße sollte so gehalten werden, dass sie noch überschaubar ist. Durch die neuen Buchhaltungssysteme behalten die Betriebsführer einen sehr guten Überblick über die Geschehnisse und die Entwicklung des Betriebs sowie auch über das Einkaufsverhalten der Urlaubsgäste.

Das Einkommensverhalten teilt sich zu je einem Drittel auf die drei Hauptbereiche auf: Urlaub am Bauernhof, Mostschänke und Direktvermarktung mit Ab-Hof-Verkauf.

Der Vorteil: Gibt es in einem Bereich Einkommenseinbußen, so kann es ein anderer Bereich wieder kompensieren.

„Ich übe meinen Beruf mit großer Freude aus. Noch mehr Freude bereitet es mir, dass alle zusammenhelfen und wir dabei als große Familie viel Zeit miteinander verbringen können", meint sich Andreas Moser.

Christine und Andreas Moser freuen sich über ihre großartigen Prämierungserfolge

„Es ist unglaublich, wir können es selbst noch gar nicht fassen, dass wir nach 2015 und 2017 nun zum dritten Mal Produzent des Jahres geworden sind. Diese großartige Auszeichnung ist für uns eine Bestätigung unserer intensiven Arbeit mit den Früchten. Das gute Klima entlang der Donau lässt unser Streuobst gut wachsen und reifen. Heuer ist es uns besonders gut gelungen, das Aroma, den Duft und den Geschmack der alten Sorten in das Glas zu bringen, was jedes Jahr wieder eine Herausforderung ist. Uns ist es wichtig, immer etwas Neues auszuprobieren, um den Gästen in unserer Mostschänke die vielfältigen Geschmacksrichtungen der Natur nahezubringen. Auch die Urlaubsgäste vom Donauradweg schätzen unsere qualitativ hochwertigen Spezialitäten sehr", sind sich Andreas und Christine Moser einig.

Am Betrieb Moser ist Qualität, bundesweit prämierte Spitzenqualität, ein wichtiger Erfolgsfaktor und damit auch Marketingfaktor. Ausgelöst durch die Erfolge und den daraus resultierenden Medienberichten stieg der Bekanntheitsgrad enorm. Qualität bei den Produkten, im Mostschank und bei Urlaub am Bauernhof erzeugt zufriedene Gäste; zufriedene Gäste bringen wieder Gäste – die wirksame Mundpropaganda ist nach wie vor ein sehr effizientes Marketinginstrument am Betrieb Moser.

MARKETING

Stärken & Schwächen beleuchten – die „inneren Faktoren" aus Betriebssicht

Stärken	Schwächen
In welchen Bereichen ist unser Unternehmen besonders gut? Hat unser Unternehmen die Stärken, um seine Chance zu nutzen?	Was ist für unsere Zielerreichung hinderlich? Verpasst unser Unternehmen wegen seiner Schwächen Chancen?
+ positive Einstellung – Freude am Tun	– Lage
+ Langjährige Berufserfahrung	– Platzproblem: Ortsgebiet, im verbauten Gebiet
+ Qualitativ hochwertige Produkte	– Besserer Auftritt in sozialen Netzwerken
+ Direktvermarktung gut aufgestellt	– Wetterabhängig – schlechtes Wetter: keine Gäste
+ Von der Produktion bis zum Kunden – alles in unserem Betrieb vereint	
+ Vielseitiger Betrieb, mit vielen Bereichen, daher gut abgedeckt	

Chancen & Risiken beleuchten – externe Faktoren (Umweltanalyse) aus Betriebssicht

Chancen	Risiken
Was lässt sich ausbauen und bietet eine Perspektive? Hat unser Unternehmen Stärken, um seine Risiken zu bewältigen?	Welche Bereiche können unser Ziel gefährden? Welchen Risiken ist unser Unternehmen wegen seiner Schwächen ausgesetzt?
+ Gäste wollen wieder mehr regionale, qualitativ hochwertige Produkte und Selbstgemachtes	– Schlechte Wirtschaftslage – steigende Arbeitslosigkeit
+ Österreich ist ein schönes, sauberes und sicheres Urlaubsland, das wird sehr geschätzt.	– Einkommensverluste – schlechtes Wetter, weniger Gäste
+ Vielfalt in höchster Qualität	– Negative Beurteilung im Internet, wenn jemandem etwas nicht gepasst hat, anstatt miteinander zu reden!
+ Langsames Wachstum – Familienbetrieb bleiben	– Verwundbar durch Naturkatastrophen oder Ernteausfälle (Frost, Hitze, zu viel oder zu wenig Niederschläge)
+ Internetverkauf	– Verwundbar durch unerwartete Ereignisse in der Familie

Einkaufen, Einkehren und Erholen – so wirbt das „Schmankerl-Navi", die „Gutes vom Bauernhof"-App, für Betriebe, die sich an ausgewählten österreichischen Qualitätsprogrammen beteiligen. Auch der Radlerbauernhof Moser ist als Mitgliedsbetrieb von „Urlaub am Bauernhof", auf Radtourismus spezialisierter Beherbergungsbetrieb, über die APP online buchbar.

Weiterhin findet die Handy-APP österreichweit ca. 1500 „Gutes vom Bauernhof"-Betriebe mit Ab-Hof-Verkauf, Bauernläden, Bauernmärkten, Bauernregalen in Supermärkten, „Gutes vom Bauernhof"-Buschenschänken/Heurigen. Wirtshäuser, ausgezeichnet mit dem AMA-Gastrosiegel, und über 2200 „Urlaub am Bauernhof"-Betriebe können so bequem vom Handy aus „geortet" werden.

Die APP steht als kostenloses Download auf www.gutesvombauernhof.at oder direkt unter www.gutesvombauernhof.at/oesterreich/app.html zur Verfügung.

„Schmankerl-Navi"-App auf Google Play:

https://bit.ly/2Wm5E5t

„Schmankerl-Navi-App" für iOS:

https://apple.co/1Ljvg1b

7.6 Praxisbeispiel Edelbrandbrennerei Crownhill, Schwoich, Tirol; www.edelbrandbrennerei.at

Manfred Höck im Gespräch mit der Redaktion.

Wir sind ein typischer landwirtschaftlicher Mittelbetrieb, der im Nebenerwerb geführt wird. Unser Kronbühelhof (Crownhill-Farm) umfasst acht Hektar Grünland, acht Hektar Wald und inzwischen ca. 200 Obstbäume, die als Rohstofflieferanten für einen Teil unserer Edelbrände dienen.

40 Bienenvölker, durchschnittlich sieben Mutterkühe mit ihren Kälbern und 60 Hühner leben bei uns am Hof, wobei wir größten Wert auf artgerechte Tierhaltung legen (Freilaufstall und hauptsächlich Weidehaltung für unsere Kühe sowie Freilandhaltung für unsere Hühner sind selbstverständlich).

Unser Hauptaugenmerk liegt aber auf der Erzeugung von möglichst hochwertigen Edelbränden, Geisten, Whiskys, Rums, Gins und Likören.

Es sind einige „Eigenkreationen" dabei, wie unser Tannenblütengeist, der Honig-Ingwer-Likör sowie unser Whisky-Honig-Likör.

1. Welche Marketing-Überlegungen stecken hinter Ihrer Idee?

Die Überlegung ist im Grunde ganz einfach: sich dem Kaufverhalten des Kunden anpassen, früh genug auf Änderungen reagieren und mit neuen Ideen den Brenner-Kollegen einen Schritt voraus sein – das heißt aber nicht, dass ich ein „Einzelkämpfer" bin, der Austausch mit anderen Bren-

© www.edelbrandbrennerei.at

ner-Kollegen ist mir extrem wichtig, so bin ich zum Beispiel Gründungsmitglied des Tiroler Edelbrandsommelier-Vereins oder Mitbegründer des Tiroler Gemeinschaftsbrandes „SIGNUM".

Seit 15 Jahren beschäftigen wir uns mit der Erzeugung hochprozentiger Produkte, dabei konnten wir einen immer stärker werdenden Trend zu Exklusivität und Regionalität feststellen, der immer noch zunimmt.

Die Frage, wo der Grundstoff für unsere Produkte herkommt oder ob wir schon alles selbst erzeugen, bekommen wir immer öfter zu hören.

Für einen nicht zu unterschätzenden Teil unserer Kunden ist Preis eher Nebensache – viel wichtiger ist es für sie, ein besonderes Produkt, am besten mit einer Geschichte im Hintergrund, zu kaufen und zu besitzen.

Unsere Marke wurde vor ca. sechs Jahren (2013) geboren, als wir mit der Destillation von Getreide begonnen hatten. Die Überlegung war, für den zukünftigen Whisky einen markanten Namen zu finden. Es lag auf Hand, unseren Hofnamen Kronbühel in Crownhill umzuändern.

Wir hatten uns gedacht, „Crownhill Whisky" bzw. „Crownhill Single Malt Whisky" klingt gut, die Idee war geboren, und so suchten wir eine Flasche, die zum Whisky passt, und ich machte mich auf zu unserer Druckerei, um ein schönes Etikett entwerfen zu lassen – die Farbe Dunkelblau und das Crownhill-Logo oben gekrümmt am Etikett hatten wir schon fixiert.

Dann fingen wir an, den zukünftigen Whisky – der gesetzlich mindestens drei Jahre im Holzfass lagern muss, damit er auch als Whisky verkauft werden darf – als Gerstenbrand zu verkaufen, in der neuen Flasche und mit neuem Etikett.

Damals hatten wir ca. 25 verschiedene Produktsorten, wir verkauften unsere Edelbrände in den „üblichen" hohen und schmalen Flaschen und hatten auch ganz „nette" Etiketten.

Geplant war, den Whisky im neuen Design und unter Crownhill zu vermarkten, er sollte sich von den anderen Produkten abheben.

Und dann passierte etwas, womit wir nie gerechnet hatten: Die Kunden waren vom neuen Design begeistert. Wir hatten damals schon gespürt, dass viele Kunden den Gerstenbrand eigentlich nur kauften, weil ihnen die Flasche mit dem Etikett gut gefiel. Das ging einige Zeit so dahin, bis wir beschlossen, die komplette Produktpalette umzustellen. Der Schritt war nicht so leicht, weil diese Flasche für Edelbrände und Liköre unüblich war. Es kam der Tag X, sozusagen über Nacht ließen wir die alten Flaschen verschwinden und es gab, ohne Ausnahme, nur noch unsere Produkte in den neuen Flaschen. Wir mussten auch eine Preiserhöhung von 2 Euro in Kauf nehmen; auch das riskierten wir und gingen davon aus, etliche Stammkunden zu verlieren.

Heute betrachtet, war es eine unserer besten Entscheidungen, die wir je getroffen haben. Keine einzige Stammkundschaft ging verloren und unser Crownhill-Design kommt noch immer gut an. Wir selbst haben seit einigen Jahren auch das Gefühl, angekommen zu sein, und stehen zu 100 Prozent hinter unserer Marke.

Und das Schönste: Der Whisky ist inzwischen unser meistverkauftes Produkt. 2019 dann noch bei der Destillata mit dem Single Malt einen Sortensieg zu holen, ist für uns der absolute Wahnsinn.

Ende 2018 haben wir beschlossen, unseren Auftritt wieder etwas umzukrempeln. Die Kunden suchen oft Geschenke für besondere Anlässe, und dabei werden auch 100 Euro und mehr für Geschenkkisten mit drei bis vier Flaschen ausgegeben. So entstand die Idee, Karaffen mit je 0,7 Liter Inhalt zu gestalten. Unser Logo wird mit einem speziellen Druckverfahren (Transferdruck) vorbereitet, von uns „nass" auf die Flasche gewischt und dann

Whisky Single Malt im neuen Design

im Ofen bei 180 °C eingebrannt. Das ist zwar sehr aufwendig, macht die Flaschen aber auch entsprechend hochwertig. Die Karaffen haben wir jetzt seit gut zwei Monaten im Verkauf und die Erfahrungen zeigen, dass es eine gute Entscheidung war und wir den meisten unserer Kollegen wieder einen Schritt voraus sind. Die neuen Karaffen sehen Sie auf unserer Website und im neuen Onlineshop.

2. Woher stammen die Produkte? Wie und wo werden sie hergestellt?

Unsere ca. 35 verschiedenen „hochprozentigen" Produkte werden von uns selbst erzeugt, der Rohstoff für Edelbrände aus Apfel, Birne und Zwetschgen kommt von unseren eigenen Bäumen, für die Liköre haben wir selbst einen Beerengarten am Hof und der Honig für zwei unserer Liköre stammt von unserer eigenen Bienenzucht.

Beim Zukauf der anderen nötigen Rohstoffe wird größtes Augenmerk auf Qualität gelegt:
- Marillen aus der Wachau
- Williamsbirnen aus Südtirol
- Getreide für unsere Whiskys aus Deutschland
- Muscat-Weintraube aus Südtirol
- Marille, Williamsbirne, Muscat-Weintraube, aber auch Getreide können wir bei uns im „Tiroler Unterland" leider nicht anbauen, da das Klima zu rau ist.

3. Welche Vertriebswege verwenden Sie?

In erster Linie suchen wir den persönlichen Kontakt zu unseren Kunden.

Am wichtigsten ist uns der „Ab-Hof-Verkauf" bei uns daheim.
Wir sind aber auch auf diversen Märkten vertreten (Bauernmarkt, Ostermarkt, Weihnachtsmarkt), da wird auch das persönliche Gespräch mit unseren Kunden gepflegt.
Auch die Discounter bemühen sich immer mehr um das Thema Regionalität, weil von ihren Kunden die Nachfrage nach regionalen Produkten stetig steigt; bei zwei Intersparmärkten in unserer Nähe sind wir gelistet sowie bei diversen Lagerhausmärkten in Tirol.
In der Gastronomie sind wir eher schwach vertreten, da ist uns der Preisdruck zu intensiv, einige auserlesene Gastronomiebetriebe, bei denen Qualität

Flaschen und Karaffen der Marke Crownhill

und nicht der Preis vordergründig ist, beliefern wir. Ganz neu ist der Vertrieb über unseren Onlineshop.

4. Müssen Sie bzw. Ihre Produkte bestimmte Auflagen erfüllen/Vorschriften einhalten – wenn ja, welche?

Bei alkoholischen Getränken sind strenge Vorschriften zu beachten und auch peinlichst zu erfüllen. Es gilt, sich nach dem EU-Spirituosenkodex zu richten, darin sind alle gesetzlichen Limits für das jeweilige Produkt festgelegt.

https://bit.ly/2Nb6zlc

Zum Beispiel muss ein Edelbrand zu 100 Prozent aus einem Destillat der namensgebenden Frucht erzeugt werden, der Alkoholgehalt muss mindestens 38 Vol.-% betragen. Man ist auch in ständigem Kontakt mit der Zollbehörde (diverse Aufzeichnungen, Meldung der Brennzeiten, monatliche Alkoholabnahme …).

5. Welchen Herausforderungen mussten/müssen Sie sich stellen?

Wir haben in Tirol 4000 aktive Brennereien, das ist weltweit die größte Dichte an Destillen. Der Konkurrenzkampf ist enorm, da reicht es nicht, einfach nur ein gutes Produkt zu erzeugen. Verpackung, Verkaufslokalitäten, Internetauftritt genauso wie Prämierungserfolge und persönliches Auftreten sind extrem wichtig, um unser Produkt mit einem angemessenen Preis zu vermarkten.

MARKETING

6. Ihr größter Unternehmerinnenwunsch für die Zukunft ist?

Die Konsumenten werden in Zukunft noch ein höheres Bewusstsein für Regionalität und Exklusivität entwickeln, da ist es extrem wichtig, dass die Kommunikation über verschiedenste Medien bezüglich Regionalität nicht nachlässt – es werden jetzt schon viele Berichte über die Zeitungen, Bücher, TV produziert.

Mit anderen Worten: Solange wir unseren Edelbrand von „unseren" eigenen Bäumen ordentlich vermarkten können, ist alles eitel Wonne. Bekommen wir Probleme mit der Vermarktung, werden in Folge die Obstbäume langsam, aber sicher von unserem Hof verschwinden, das wirkt sich wiederum stark auf unser Landschaftsbild aus – das ja wieder unseren Konsumenten zugutekommt. Bitte schauen Sie auf unsere Website, unter „Rohstofflieferanten", ich glaube, ich kann mir jeden weiteren Kommentar sparen.

7. Welche Auszeichnungen haben Sie für Ihre Produkte erhalten?

Destillata ist die „Prämierung der weltbesten Brände" – es messen sich bei diesem Wettbewerb meist 13 bis 14 Nationen. Da ganz vorn – im Kreis der auserwählten Destillerien – mitzumischen, sagt sicher einiges über unsere Produkte aus.

Ich müsste nachzählen, aber wir sind inzwischen sicher nicht weit von 100 ausgezeichneten Produkten entfernt.

Die bis jetzt schönste Auszeichnung ist sicher der Sortensieg 2019 unseres Whiskys Single Malt bei der Destillata. Whisky ist unser meistverkauftes Produkt, ist weit aufwendiger herzustellen als Obstbrände und wird von einem ganz besonderen Mythos umgeben.

Der Landessieg 2010 bei der Tiroler Schnapsprämierung war auch nicht zu verachten – ist doch die absolute Spitze in Tirol.

Monika und Manfred Höck mit der Destillata-Auszeichnung für den Sortensieg des Whisky Single Malt

MARKETING

Arbeitsaufgaben:

1. Einen beliebigen Direktvermarktungsbetrieb im Internet recherchieren, dessen Marketing-Mix bzw. Marktauftritt darstellen und erläutern bzw. eine eigene Bewertung aus eigener Kundensicht ausarbeiten.

2. Den eigenen Betrieb mit dem Internetauftritt nach dem Marketing-Mix bzw. Marktauftritt darstellen und erläutern bzw. eine eigene Bewertung aus eigener Kundensicht ausarbeiten.

3. SchülerInnen lernen von SchülerInnen: Die beiden Betriebe haben als Direktvermarktungsbetrieb auch Internetauftritte. Die Betriebe werden hinsichtlich sichtbaren Marketings auf der Internetseite gegenseitig bewertet und Ergebnisse werden für jeden Betrieb positiv interpretiert.

4. Drei innovative Produkte aus der Produktgruppe „Getreide und Brot" nach den 4 W beschreiben und für die Produkte eine vier Punkte umfassende, schlüssige Erklärung abgeben.

Quellen:

[1] https://de.wikipedia.org/wiki/Marketing
[2] Brotsommeliers-Skriptum und Grundlagen der Marktforschung für die praktische Anwendung, FH-Prof. Dr. Astrid Oberzaucher, NWV Verlag, 2017.
[3] Leopold Kirner, Mitarbeit von Andrea Payrhuber und Michael Prodinger, Hochschule für Agrar- und UmweltpKdagogik Wien, Dezember 2018. http://www.agrarumweltpaedagogik.ac.at/cms/upload/pdf/2019/Arbeitsfelder/Studie_DIVERSIFIZIERUNG_final.pdf
[4] Diversifizierung. Leopold Kirner, Mitarbeit von Andrea Payrhuber und Michael Prodinger, Hochschule für Agrar- und Umweltpädagogik Wien, Dezember 2018. http://www.agrarumweltpaedagogik.ac.at/cms/upload/pdf/2019/Arbeitsfelder/Studie_DIVERSIFIZIERUNG_final.pdf
[5] Diversifizierung. Leopold Kirner, Mitarbeit von Andrea Payrhuber und Michael Prodinger, Hochschule für Agrar- und Umweltpädagogik Wien, Dezember 2018 http://www.agrarumweltpaedagogik.ac.at/cms/upload/pdf/2019/Arbeitsfelder/Studie_DIVERSIFIZIERUNG_final.pdf
[6] http://www.betriebswirtschaft-lernen.net/erklaerung/marketing-mix-was-ist-das/
https://unternehmer.de/marketing-vertrieb/37680-marketing-mix-das-funfte-p
[7] https://www.brand-trust.de/de/fuer-kunden/die-vier-ws-der-markenfuehrung.php

Rechtliche Rahmenbedingungen in der Direktvermarktung

Grundkompetenzen

- Die Begriffe Einzelaufzeichnungs-, Registrierkassen- und Belegerteilungspflicht erklären.
- Die Umsatzgrenzen zur Führung einer Registrierkasse erläutern.
- Die Merkmale eines formal vollständigen Belegs nennen.
- Beschreiben, an wen der Landwirt seinen unter Abfindung hergestellten Alkohol verkaufen kann und welche Verkehrseinschränkungen er beachten muss.
- Die Meldefrist des Umsatzes und dessen Anforderungen an die SVB aus der Be- und Verarbeitung nennen.
- Die Zukaufbefugnisse in der pflanzlichen Produktion benennen.
- Die häusliche Nebenbeschäftigung beschreiben und die drei Hauptmerkmale dazu aufzählen.

Erweiterte Kompetenzen

- Die formalen Anforderungen an einen Beleg kennen und einen korrekten Beleg für den Verkauf von Wurst, Saft und Gemüse an einen Letztverbraucher mit einem Einkaufswert von € 250 ausstellen.
- Den Urproduktekatalog erklären und die Bedeutung hinsichtlich seiner rechtlichen Auswirkungen beurteilen.
- Das Formular zur erstmaligen Meldung der Nebentätigkeiten unter www.svb.at herunterladen und die für die Direktvermarkter relevanten Bereiche erläutern.
- Den Begriff Hausbrand im Zusammenhang zur Alkoholsteuer erläutern und die steuerfreien Alkoholmengen im eigenen Bundesland erarbeiten.
- Die Anforderungen an eine für die Direktvermarktung zulässige Registrierkasse auflisten.
- Aus der Urprodukteverordnung aus dem Internet die Urprodukte für Milch und Milchprodukte sowie für Fleisch und Fisch herausarbeiten.

Die Ausführungen im Kapitel „Rechtliche Rahmenbedingungen" können sich immer wieder ändern, weshalb einige Bereiche kürzer ausgeführt sind. Die hier beschriebenen Inhalte beziehen sich auf das Jahr 2019. Aktuelle Informationen zu „Rechtsthemen" finden sie auf der Website der Landwirtschaftskammer Östereich unter Recht & Steuer, verbunden mit Broschüren, die als Download zur Verfügung stehen.
https://www.lko.at/recht-steuer+2500++1298057

8.1 Gewerberecht

Gewerberechtlich ist die Land- und Forstwirtschaft von der Gewerbeordnung ausgenommen und bedarf daher weder einer Gewerbeanmeldung noch einem Befähigungsnachweis. Die Direktvermarktung kann einerseits im Rahmen der land- und forstwirtschaftlichen Urproduktion oder als Nebengewerbe der Land- und Forstwirtschaft durchgeführt werden. Als dritter Bereich ist noch die häusliche Nebenbeschäftigung zu erwähnen. Geregelt sind auch die Vermarktungsformen sowie Verabreichung und Ausschank.

RECHTLICHE RAHMENBEDINGUNGEN

8.1.1 Zur land- und forstwirtschaftlichen Urproduktion gehören kurz gefasst:

- Hervorbringung und Gewinnung pflanzlicher Erzeugnisse nur mithilfe der Naturkräfte inklusive Wein-, Obstbau, Gartenbau und Baumschulen. Mit Ausnahme des Weinbaus (der Zukauf im Weinbau ist gesondert geregelt) dürfen bei allen anderen Betriebszweigen von aus dem EWR stammenden Erzeugnissen des jeweiligen Betriebszweigs zugekauft werden, wenn der Einkaufswert nicht mehr als 25 % des Verkaufswerts aller Erzeugnisse innerhalb des Betriebszweigs beträgt. Sonderregelung bei Ernteausfällen.
- Halten von Nutztieren zur Zucht, Mästung bzw. Gewinnung tierischer Erzeugnisse.
- Jagd und Fischerei.
- Einstellen von höchstens 25 Einstellpferden, wobei pro Hektar landwirtschaftlicher Nutzfläche nicht mehr als zwei Pferde gehalten werden dürfen; zudem müssen die Flächen in der Region liegen.

Zukaufbefugnisse bestehen mit Ausnahme des Weinbaus nur in allen pflanzlichen Betriebszweigen. Urprodukte des jeweiligen pflanzlichen Betriebszweigs dürfen zugekauft werden, wenn deren Einkaufswert nicht mehr als 25 % des Verkaufswerts aller Erzeugnisse des betreffenden Betriebszweigs beträgt.

Die Urprodukteverordnung ist 2009 in Kraft getreten und stellt eine klare Abgrenzung zwischen Urproduktion und Be- und Verarbeitung dar. Dies hat Bedeutung im Sozial- und Steuerversicherungsrecht. Urproduktekatalog downloaden unter https://bit.ly/2wndiNT.

8.1.2 Die Nebengewerbe der Land- und Forstwirtschaft

Sie sind von der Gewerbeordnung ausgenommen, weil sie in sehr engem Zusammenhang mit der Land- und Forstwirtschaft stehen und sich somit für keine gewerberechtliche Regelung eignen. Das Nebengewerbe muss gegenüber der Urproduktion wirtschaftlich untergeordnet bleiben und der Charakter des Land- und forstwirtschaftlichen Betriebs muss gewahrt bleiben. Beim Verarbeitungsgewerbe ist anstelle der wirtschaftlichen Unterordnung die Wahrung des Charakters des jeweiligen Betriebs als land- und forstwirtschaftlicher Betrieb getreten. Das Verarbeitungsgewerbe ist unter § 2 Abs. 4 Z. 1 Gewerbeordnung geregelt. Ebenso die Sekterzeugung (§ 2 Abs. 4 Z. 2 GewO) und das Almbuffet (§ 2 Abs. 1 Z. 10 GewO).

Die Betriebsanlagengenehmigung ist in der Gewerberechtsnovelle ebenso geregelt. Für die Ausübung des Nebengewerbes ist keine gewerberechtliche Betriebsanlagengenehmigung erforderlich, es kann jedoch in Sonderfällen erforderlich sein. Auskunft dazu erteilt die Gewerbebehörde.

8.1.3 Häusliche Nebenbeschäftigung

„Die nach ihrer Eigenart und ihrer Betriebsweise in die Gruppe der häuslichen Nebenbeschäftigung fallenden und durch die gewöhnlichen Mitglieder des eigenen Hausstandes betriebenen Erwerbszweige" sind von der Gewerbeordnung ausgenommen, wenn alle drei Merkmale eingehalten werden:

- Erwerbstätigkeit muss im Vergleich zu den anderen häuslichen Tätigkeiten dem Umfang nach untergeordnet sein.
- Es dürfen nur im Haushalt wohnende Familienmitglieder und Personen, die ständig dem Haushalt einer Familie angehören, mitarbeiten.
- Der Betrieb der häuslichen Nebenbeschäftigung erfolgt mit haushaltsüblichen Maschinen und Geräten und nicht mit Gewerbemaschinen.

Häufig fällt z. B. die Herstellung von Backwaren in die häusliche Nebenbeschäftigung, da überwiegender Zukauf von Rohstoffen hier zulässig ist.

8.1.4 Unterschiedlichste Vermarktungsformen

Diese dürfen vom Produzenten frei gewählt werden und es ist auch der Mix aus mehreren Vermarktungsformen zulässig.
Siehe dazu Kapitel 4, „Vertriebswege – von klassisch bis innovativ".

8.1.5 Ausschank

Für die Verabreichung und den Ausschank ist grundsätzlich eine Gastgewerbeberechtigung erforderlich. Ausgenommen sind Buschenschänken, Privatzimmervermietung (Urlaub am Bauernhof) und das Almbuffet (https://bit.ly/2QfzvpW).[1]

RECHTLICHE RAHMENBEDINGUNGEN

8.2 Steuerrecht

Der Begriff Direktvermarktung kommt im Steuerrecht nicht vor. Hier werden Einnahmen im Sinne der be- und/oder verarbeiteten bzw. der eigenen oder zugekauften Urprodukte unterschieden. Diese werden entweder der Landwirtschaft oder dem Gewerbebetrieb zugeordnet.

Bis zu einer jetzt aktuellen Grenze (2019) von € 33.000 inkl. USt., zählen die Einnahmen aus der Urproduktion bzw. dem Nebengewerbe zu den Einkünften aus Land- und Forstwirtschaft. Zu beachten sind die aufzeichnungspflichtigen land- und forstwirtschaftlichen Nebentätigkeiten in Form von Dienstleistungen wie z. B. kommunale Dienstleistungen.

Wenn die Einnahmen aus dem Verkauf bearbeiteter Produkte bzw. aus den aufzeichnungspflichtigen Nebentätigkeiten die Grenze von € 33.000 übersteigen, werden diese Einnahmen gewerberechtlich gesehen vom ersten Euro als Einkünfte aus Gewerbebetrieb angesehen.

Ausführliche Informationen zum Steuerrecht und auch zur Sozialversicherung sind in der Broschüre „Rechtliches zur Direktvermarktung" nachzulesen. Download unter:

https://bit.ly/2QfzvpW

In der genannten Broschüre sind weitere Informationen hinsichtlich Gewinnermittlungsarten für Einkünfte aus Land- und Forstwirtschaft oder Zurechnung der Direktvermarktung zu den Einkünften aus Gewerbebetrieb zu entnehmen. Ebenso sind die besonderen Aufzeichnungspflichten, Anforderungen an die Rechnungslegung, Steuersätze und vieles mehr praxisgerecht beschrieben. Ein Beispiel zur Ermittlung von Einkommensteuer und Berechnung der Umsatzsteuer runden das Themengebiet Steuer ab.

8.3 Aufzeichnungs- und Meldepflichten für Direktvermarkter

8.3.1 Die Einzelaufzeichnungs-, Registrierkassen- und Belegerteilungspflicht für Land- und Forstwirte

(Landwirtschaftskammer Österreich, Mag. Walter Zapfl, LK STMK, Dr. Karl Penninger, LK OÖ)

Seit Anfang 2016 gelten für Betriebe neue Pflichten für die Erfassung von Bareinnahmen (Einzelaufzeichnungs-, Registrierkassen- und Belegerteilungspflicht). Das Bundesministerium für Finanzen (BMF) veröffentlichte einen umfassenden Erlass zur Einzelaufzeichnungs-, Registrierkassen und Belegerteilungspflicht, der detaillierte Informationen enthält und kürzlich überarbeitet wurde.

Hinweis: Im Juli 2016 kam es zu einigen Änderungen, die rückwirkend ab 01. Januar 2016 gelten.

Die für Land- und Forstwirte wesentlichen Änderungen betreffen Erleichterungen, die in der Barumsatzverordnung näher geregelt sind. Die geänderte Verordnung legt fest, dass die vereinfachte Losungsermittlung (= Kassasturz) u. a. für folgende Umsätze in Anspruch genommen werden kann:

- *Für „Umsätze im Freien": Voraussetzung ist, dass die Umsätze im Freien maximal € 30.000 pro Kalenderjahr und Abgabepflichtigem betragen (neu: isolierte Betrachtung).*
- *Für Umsätze, die in unmittelbarem Zusammenhang mit Hütten, insbesondere mit Alm-, Berg-, Ski- oder Schutzhütten, getätigt werden: Voraussetzung ist, dass die Hüttenumsätze maximal € 30.000 pro Kalenderjahr und Abgabepflichtigem betragen (isolierte Betrachtung).*
- *Für einen Buschenschank, wenn dieser maximal 14 Tage pro Kalenderjahr geöffnet ist. Überdies ist eine gesamtbetriebliche Umsatzgrenze von € 30.000 pro Kalenderjahr und Abgabepflichtigem zu beachten.*

Inwieweit unterliegen Land- und Forstwirte den neuen Pflichten?

Werden die Einkünfte aus Land- und Forstwirtschaft nach der Einkommensteuerpauschalierung und Umsatzsteuerpauschalierung besteuert, ist laut Erlass zu unterscheiden:

RECHTLICHE RAHMENBEDINGUNGEN

Soweit der Gewinn auf Grundlage der Vollpauschalierung ermittelt wird und dabei die Umsatzsteuerpauschalierung zur Anwendung gelangt, besteht keine Einzelaufzeichnungs-, Registrierkassen- und Belegerteilungspflicht (z. B. einheitswertabhängige Pauschalierung, flächenabhängige Durchschnittssätze im Gartenbau; wenn nicht die Umsatzsteuer-Regelbesteuerung in Anspruch genommen wird).

Soweit der Gewinn in Abhängigkeit von den tatsächlichen Betriebseinnahmen (teilpauschalierte Bereiche) zu ermitteln ist, besteht Einzelaufzeichnungs-, Registrierkassen- und Belegerteilungspflicht, z. B. bei Be- und/oder Verarbeitung, Forstwirtschaft über € 11.000 Einheitswert, Weinbau über 60 Ar, Buschenschank, Bouteillenweinverkauf, Gartenbau (ausgenommen oben), Obstbau über 10 ha, bäuerliche Nachbarschaftshilfe, Urlaub am Bauernhof, Almausschank, sonstige gewinnerhöhende Beträge (z. B. bare Pachteinnahmen). Die folgenden Ausführungen betreffen daher nur diese Bereiche. Darüber hinaus gelten die neuen Verpflichtungen laut Erlass auch, wenn die USt-Regelbesteuerung in Anspruch genommen wird, weil hier Aufzeichnungen für Zwecke der Umsatzsteuer notwendig sind.

In der Teilpauschalierung sowie bei Einnahmen-Ausgaben-Rechnung und Buchführung gelten die neuen Verpflichtungen umfassend.

8.3.2 Einzelaufzeichnungspflicht

Alle Bareinnahmen und (soweit keine Ausgabenpauschalierung in Anspruch genommen wird) Barausgaben sind einzeln festzuhalten.

Achtung: Einzelaufzeichnungen sind auch bei Einkünften aus Vermietung und Verpachtung zu führen. Ebenso gilt die Belegerteilungspflicht.

8.3.3 Registrierkassenpflicht

Bei Überschreiten gewisser Umsatzgrenzen schreibt der Gesetzgeber vor, dass Betriebe ihre Bareinnahmen zum Zweck der Losungsermittlung zwingend durch ein elektronisches Aufzeichnungssystem (kurz Registrierkasse) zu erfassen haben.
- Ab einem Jahresumsatz von € 15.000 netto je Betrieb.
- Wenn überdies die Barumsätze dieses Betriebs € 7500 (netto) übersteigen.

Soweit der Gewinn von der Vollpauschalierung erfasst ist, ist zur Berechnung der 15.000-€-Grenze eine Schätzung mit dem 1,5-Fachen des Einheitswerts zulässig. Für die Berechnung der Barumsatzgrenze des Betriebs (€ 7.500) sind laut Erlass die als Folge der Vollpauschalierung nicht belegerteilungspflichtigen Umsätze nicht heranzuziehen.

Achtung: Soweit es sich um Umsätze im Freien und Hüttenumsätze handelt, die unter die Erleichterung gemäß Barumsatzverordnung fallen (begünstigte Umsätze), sind diese für die Berechnung der Umsatzgrenzen (€ 15.000 und € 7500) nicht heranzuziehen.

Beispiel: Ein land- und forstwirtschaftlicher Betrieb bewirtschaftet einen Einheitswert von € 20.000 und ist auch in der Umsatzsteuer pauschaliert (keine USt.-Verrechnung mit dem Finanzamt, kein VSt-Abzug, Verrechnung der USt. gegenüber Letztverbrauchern grundsätzlich in Höhe von 10 %, gegenüber Unternehmern 13 %, teilweise auch gegenüber Letztverbrauchern). Der Betriebsführer verkauft sowohl bar als auch unbar eigene Urprodukte (z. B. Milch, Eier, Erdäpfel/Kartoffeln und Äpfel). Zusätzlich wird noch Bauernbrot (be- und verarbeitetes Produkt) im Wert von € 4400 (inkl. 10 % USt.) jährlich ab Hof an Letztverbraucher verkauft.

Bei Schätzung des Umsatzes aus der Urproduktion mit 150 % des Einheitswerts beträgt dieser 30.000 €. Die Nettoumsätze aus der Be- und Verarbeitung sind hinzuzurechnen. Somit beträgt der gesamtbetriebliche Jahresumsatz € 34.000 (= 30.000 + 4000). Für die Berechnung der Barumsatzgrenze von € 7500 sind nur jene Umsätze heranzuziehen, die nicht durch die Vollpauschalierung abgegolten sind. Die Barumsätze betragen daher € 4000 (Brotverkauf netto).

Dieser Betrieb unterliegt daher nicht der Registrierkassenpflicht, weil nicht beide Umsatzgrenzen überschritten werden. Hinsichtlich des Brotverkaufs besteht Einzelaufzeichnungs- und Belegerteilungspflicht. Diese Umsätze sind daher täglich einzeln festzuhalten und jedem Kunden ist ein Beleg mit dem unten genannten Inhalt auszuhändigen.

Ob es sich bei einem Produkt um ein Urprodukt handelt, kann den Einkommensteuerrichtlinien 2000 Rz 4215 ff (mit Verweis auf die Urprodukteverordnung) entnommen werden.

RECHTLICHE RAHMENBEDINGUNGEN

Beginn der Registrierkassenpflicht

Die Registrierkassenpflicht gilt, wenn beide Umsatzgrenzen überschritten werden, frühestens jedoch ab 01. Mai 2016. Das Jahr 2015 wird nicht zur Prüfung herangezogen. Es gilt: Die Verpflichtung zur Verwendung einer Registrierkasse entsteht mit Beginn des viertfolgenden Monats nach Ablauf jenes Monats (bei Umsätzen des gesamten Betriebs unter 100.000 €: jenes Kalendervierteljahres), in dem die maßgebenden Grenzen (€ 15.000 bzw. € 7.500) erstmals überschritten werden.

Achtung: Barumsätze sind Umsätze, bei denen die Gegenleistung durch Barzahlung erfolgt. Als Barzahlung gilt auch die Zahlung mit Bankomat- oder Kreditkarte, die Hingabe von Barschecks sowie vom Unternehmer ausgegebener und von ihm an Geldes Statt angenommener Gutscheine, Bons, Geschenkmünzen und Ähnliches.

Achtung: Ein Wertgutschein ist laut Erlass zum Zeitpunkt der Einlösung in der Registrierkasse zu erfassen. Es besteht jedoch laut Erlass Einzelaufzeichnungspflicht; eine freiwillige Erfassung in der Registrierkasse ist möglich.

Anforderungen an die Registrierkasse

Jede Registrierkasse muss über ein Datenerfassungsprotokoll (Kassenjournal) und einen Drucker (oder Vorrichtung zur elektronischen Übermittlung) von Belegen verfügen. Eine Registrierkasse kann auch eine Softwarelösung sein, die auf den gewünschten Geräten (PC, Tablet etc.) verwendet wird. Als Registrierkasse können auch Waagen mit Kassenfunktion dienen.

Beispiel: Erfüllt eine Kassenwaage nicht die Voraussetzungen einer Registrierkasse, ist eine eigene Registrierkasse notwendig. Der Registrierkassenbeleg kann laut Erlass auf den Kassenwaagenbeleg verweisen. Dem Kunden ist der Registrierkassenbeleg mitzugeben. Die Waagenbelege oder das Journal sind aufzubewahren.

Ab 01. April 2017 ist jede Registrierkasse mit einer Sicherheitseinrichtung (Manipulationsschutz) auszustatten, dazu gehört auch eine elektronische Signatur- bzw. Siegelerstellungseinheit (Signaturkarte), die über einen Vertrauensdienstanbieter zu erwerben ist. Die übrigen Komponenten der Sicherheitseinrichtung müssen vom Kassenhersteller bereitgestellt werden. Die Signatur wird die einzelnen Barumsätze (Belege) miteinander verketten. Seit August 2016 ist die Registrierung der Signaturkarte über FinanzOnline möglich. Unternehmer, die über keinen Internetzugang, kein Smartphone verfügen und keinen Parteienvertreter bevollmächtigt haben, können dazu das Formular RK 1 des BMF verwenden.

Tipp: Bei Erwerb einer neuen Registrierkasse sollte sich der Unternehmer vertraglich bestätigen lassen, dass die Registrierkasse eine geeignete Schnittstelle für die zukünftige Sicherheitseinrichtung bietet und auch 2017 noch verwendbar sein wird. Überdies ist es ratsam, sich über zusätzliche Kosten zu informieren.

Im Erlass sind nähere Informationen zu laufenden Verpflichtungen des Unternehmers enthalten (z. B. Erstellung von Start-, Monats, Jahres- und Schlussbelegen, Meldung von nicht nur vorübergehenden Ausfällen).

Tipp: Für die Anschaffung einer Registrierkasse zwischen März 2015 und März 2017 kann eine Prämie in Höhe von € 200 im Wege der Einkommensteuerveranlagung beantragt werden.

8.3.4 Belegerteilungspflicht

Dem Kunden ist ein Beleg über die empfangene Barzahlung (auch bei Bankomat- und Kreditkartenzahlung, Zahlung mit Gutschein etc.) zu erteilen. Die Belegerteilungspflicht gilt ab dem ersten Barumsatz. Es gibt auch keine betragliche Untergrenze für den einzelnen Barumsatz (auch für Kleinstbeträge gilt Belegerteilungspflicht).

Erlaubt ist laut Erlass für mobil getätigte Umsätze bzw. vorbestellte Ware vorab Belege mittels Registrierkasse auszustellen und diese bei Ausfolgung der Ware und nach Barzahlung zu übergeben.

Es ist auch möglich, die vorab mit der Registrierkasse ausgestellten Belege auf der Ware, die ausgefolgt werden soll, anzubringen.

Mindestinhalt des Belegs:

- Eine eindeutige Bezeichnung des liefernden oder leistenden Unternehmers.
- Eine fortlaufende Nummer mit einer oder mehreren Zahlenreihen, die zur Identifizierung des Geschäftsvorfalls einmalig vergeben wird.
- Den Tag der Belegausstellung.

- Die Menge und die handelsübliche Bezeichnung der gelieferten Gegenstände oder die Art und der Umfang der sonstigen Leistung
- Den Betrag der Barzahlung (wobei es genügt, dass dieser Betrag aufgrund der Belegangaben rechnerisch ermittelbar ist).

Unter gewissen Voraussetzungen dürfen auch Symbole und Schlüsselzahlen verwendet werden. Ab 01. April 2017 muss der Beleg, wenn er mit einer gesicherten Registrierkasse erstellt wird, weitere Belegdaten enthalten (Kassenidentifikationsnummer, Uhrzeit der Belegausstellung, Betrag der Barzahlungen nach Umsatzsteuersätzen getrennt, maschinenlesbarer Code).

8.3.5 Handelsübliche Warenbezeichnungen

Die Warenbezeichnungen am Beleg müssen laut Erlass im Unterschied zu einer Rechnung nach Umsatzsteuergesetz nicht so detailliert sein (Maßstab des allgemeinen Sprachgebrauchs). Nicht erlaubt ist die Verwendung von allgemeinen Sammelbegriffen (wie Lebensmittel, Obst etc.).

8.3.6 Aufbewahrungspflichten

Vom Beleg ist eine Durchschrift oder Zweitschrift anzufertigen. Als Zweitschrift gilt auch die Speicherung im Datenerfassungsprotokoll. Die Aufbewahrungsfrist beträgt sieben Jahre ab Ende des Kalenderjahrs, in dem der Beleg ausgestellt wurde.

Belegentgegennahmepflicht

Grundsätzlich gilt, dass der Beleg dem Kunden auszuhändigen ist. Dieser muss ihn entgegennehmen und bis außerhalb der Geschäftsräumlichkeiten mitnehmen. Sollte der Kunde den Beleg jedoch liegen lassen, hat dies keine finanzstrafrechtlichen Konsequenzen. Es könnte aber bei einer Finanzkontrolle gefragt werden, ob ihm ein Beleg ausgestellt wurde.

8.3.7 Wichtige Erleichterungen bei der Erfassung von Barumsätzen

Umsätze im Freien

Für Umsätze, die von Haus zu Haus oder auf öffentlichen Wegen, Straßen, Plätzen oder anderen öffentlichen Orten, jedoch nicht in oder in Verbindung mit fest umschlossenen Räumlichkeiten ausgeführt werden, ist eine vereinfachte Losungsermittlung (Kassasturz) möglich. Die Tageslosung (Unterschied Anfangs- und Endbestand) muss nachvollziehbar ermittelt werden können (Kassabericht

Beispiele des BMF für handelsübliche Warenbezeichnungen:			
Branche	Zulässige Warenbezeichnung nach § 11 UStG	Zulässige Warenbezeichnung nach § 132a BAO	Keine zulässige Warenbezeichnung nach § 132a BAO
Blumengeschäft	Rosen, Tulpen, Nelken	Schnittblumen, Blumenstrauß, Gesteck, Topfblumen, Gehölze	Blumen
Obst-/Gemüsegeschäft	Golden-Delicious-Äpfel, Williams-Christ-Birne, Eisbergsalat	Äpfel, Birnen, Salat	Obst, Gemüse
Bäcker	Handsemmel, Grahamweckerl, Vollkornbrot	Semmel oder Kleingebäck, Brot	Backwaren
Fleischerei/Bauernmarkt	Salami, Beiried vom Rind	Wurst, Rindfleisch	Fleischwaren

RECHTLICHE RAHMENBEDINGUNGEN

bzw. Kassabuch mit Bestandsfeststellung). In diesem Fall entfallen Einzelaufzeichnungs-, Registrierkassen- und Belegerteilungspflicht.
Achtung: Diese Regelung kann bis zu einem Jahresumsatz von € 30.000 netto je Kalenderjahr und Abgabepflichtigen in Anspruch genommen werden. Zur Berechnung der Umsatzgrenze sind nur die Umsätze im Freien heranzuziehen (isolierte Betrachtung).
Soweit der Gewinn auf Grundlage der Vollpauschalierung ermittelt wird und dabei die Umsatzsteuerpauschalierung zur Anwendung gelangt, ist der Verkauf von Urprodukten im Freien nicht auf die 30.000 €-Grenze für Umsätze im Freien anzurechnen.

Die Regelung gilt etwa für Verkäufe im Freien, vom einfachen Verkaufstisch oder aus offenen Verkaufsbuden. Dies gilt auch, wenn sich der Verkaufstisch/Verkaufsstand in einer Markthalle befindet.

Beispiele:
- *Einfacher Verkaufsstand am Bauernmarkt oder in einer Markthalle*

Werden die Umsätze in oder in Verbindung mit fest umschlossenen Räumlichkeiten ausgeführt, kann die Erleichterung für Umsätze im Freien nicht in Anspruch genommen werden.
Eine Räumlichkeit ist dann fest umschlossen, wenn sie zu keiner Seite hin vollständig offen ist oder die dem Verkauf dienenden offenen Seiten während der Geschäftszeiten schließbar sind bzw. wenn sie an einer oder mehreren Seiten dem Verkauf dienende Öffnungen (Fenster) aufweist. Diese Abgrenzung gilt auch für Verkaufsfahrzeuge.
Ein Umsatz wird in Verbindung mit einer fest umschlossenen Räumlichkeit durchgeführt, wenn einerseits das örtliche Naheverhältnis zur fest umschlossenen Räumlichkeit gegeben ist (z. B. Stand direkt vor dem Haus, Christbaumverkauf im Hof) bzw. andererseits auch der einzelne Umsatz in Verbindung mit einer fest umschlossenen Räumlichkeit durchgeführt wird (z. B. wenn beim Verkauf auch Waren aus der Räumlichkeit geholt werden). Wird die Umsatzgrenze (€ 30.000) überschritten, kann die Erleichterung für Umsätze im Freien nicht in Anspruch genommen werden.

Wird neben der Umsatzgrenze von € 30.000 (netto je Kalenderjahr und Abgabepflichtigem) überdies die Barumsatzgrenze von € 7500 (netto je Kalenderjahr und Betrieb) überschritten, besteht nicht nur Belegerteilungs-, sondern auch Registrierkassenpflicht für diesen Betrieb. In diesem Fall kann laut Erlass aber noch die Erleichterung für mobile Umsätze (siehe unten) in Anspruch genommen werden.

Hüttenumsätze

Für Umsätze, die in unmittelbarem Zusammenhang mit Hütten, wie insbesondere in Alm-, Berg-, Schi- und Schutzhütten, ausgeführt werden, ist eine vereinfachte Losungsermittlung (Kassasturz) möglich.
Achtung: Diese Regelung kann bis zu einem Jahresumsatz von € 30.000 netto, je Kalenderjahr und Abgabepflichtigen in Anspruch genommen werden. Zur Berechnung der Umsatzgrenze sind nur die Hüttenumsätze heranzuziehen (isolierte Betrachtung). Die Umsätze aus dem Verkauf von Urprodukten im Rahmen des Almausschanks sind bei der Ermittlung der 30.000 €-Grenze einzubeziehen.
Gemäß dem Erlass des BMF ist eine Hütte ein bautechnisch einfach ausgeführtes Gebäude.
Wird die Umsatzgrenze (€ 30.000) überschritten, kann die Erleichterung für Hüttenumsätze nicht in Anspruch genommen werden.
Wird neben der Umsatzgrenze von € 30.000 (netto je Kalenderjahr und Abgabepflichtigem) überdies die Barumsatzgrenze von € 7500 (netto je Kalenderjahr und Betrieb) überschritten, besteht nicht nur Belegerteilungs-, sondern auch Registrierkassenpflicht für diesen Betrieb.

Buschenschankumsätze

Für Umsätze, die in einem Buschenschank im Sinne des § 2 Abs. 1 Z 5 der Gewerbeordnung 1994 ausgeführt werden, ist eine vereinfachte Losungsermittlung (Kassasturz) möglich, wenn der Betrieb an nicht mehr als 14 Tagen im Kalenderjahr geöffnet ist.
Achtung: Diese Regelung kann bis zu einem Jahresumsatz von € 30.000 (netto je Kalenderjahr und Abgabepflichtigen) in Anspruch genommen werden. Zur Berechnung der Umsatzgrenze sind hier die gesamtbetrieblichen Umsätze heranzuziehen (keine isolierte Betrachtung der Buschenschankumsätze möglich).

In die 30.000 €-Grenze nicht einzurechnen sind begünstigte Umsätze im Freien bzw. begünstigte Hüttenumsätze.

Wird die Umsatzgrenze (€ 30.000 gesamtbetriebliche Umsätze) überschritten, kann die Erleichterung für Buschenschankumsätze nicht in Anspruch genommen werden.

Leistungen außerhalb der Betriebsstätte (Erleichterung für mobile Umsätze)

Wenn bei Registrierkassenpflicht auch Lieferungen und sonstige Leistungen außerhalb einer Betriebsstätte erbracht werden, besteht die Möglichkeit, dem Kunden zuerst einen händischen Beleg auszustellen und hiervon eine Durchschrift aufzubewahren. Nach Rückkehr in die Betriebsstätte hat ohne unnötigen Aufschub eine Nacherfassung in der Registrierkasse zu erfolgen. Grundsätzlich ist der Betrag des einzelnen Belegs nachzuerfassen und ein Zusammenhang zum nacherfassten Barumsatz herzustellen. Ein weiterer Beleg muss nicht ausgedruckt werden.

Eine Vereinfachung bei der Erfassung kann laut Erlass in Anspruch genommen werden, wenn das „mobile" Produktsortiment nicht mehr als 20 gleichpreisige Waren/Gegenstände umfasst.

Mobil getätigte Umsätze können jedoch auch vorab in der Registrierkasse erfasst und die Belege gleichzeitig mittels Registrierkasse ausgestellt werden. Erfolgt kein Verkauf dieser Produkte, können diese ausgestellten Belege bei Rückkehr in die Betriebsstätte in der Registrierkasse storniert werden.

Beispiele:
- *Immer wenn es sich um einen „Umsatz im Freien" handeln würde (siehe oben)*
- *Verkauf am Bauernmarkt*
- *Verkauf bei einer mehrtägigen Veranstaltung am Rathausplatz*
- *Auslieferung von Wein, Blumen etc. direkt an den Kunden (mit Barzahlung)*
- *Verkauf in einem gemeinschaftlich genutzten Bauernladen*

Ohne unnötigen Aufschub ist einzelfallbezogen bzw. branchenbedingt zu beurteilen. Wenn Landwirte ihre Produkte in einem gemeinschaftlich genutzten Bauernladen über einen Erfüllungsgehilfen verkaufen und dieser den Landwirten nur einmal wöchentlich die Belegdurchschriften zur Nacherfassung überbringt, ist die Wochenfrist laut Erlass ausreichend.

Für Bauernläden sind im Erlass weitere Möglichkeiten zur Erfassung der Einnahmen angeführt.

Beispiel aus dem Erlass:
Ein Landwirt verkauft in seinem Bauernladen nicht nur eigene Waren, sondern auch Waren anderer Landwirte. Soweit der Verkauf im fremden Namen und auf fremde Rechnung dem Käufer ausdrücklich offengelegt wird, handelt es sich um einen durchlaufenden Posten. Diese Mitverkäufe können in einer Registrierkassa erfasst werden. In diesen Fällen müssen auf den erteilten Belegen die für andere Landwirte verkauften Waren als solche ausgewiesen werden. In solchen Fällen (echte Durchläufer) fällt die Registrierkassenpflicht auch im Sinne einer nachträglichen Erfassung durch den liefernden Unternehmer weg.

Warenausgabe- und Dienstleistungsautomaten sowie Selbstbedienungsumsätze

Für bestehende Automaten gilt, dass sie bis 2027 nicht umgerüstet werden müssen. Werden ab dem 01.01.2016 Automaten in Betrieb genommen, kann eine einfache Losungsermittlung in Anspruch genommen werden, wenn die Gegenleistung für die Einzelumsätze € 20 nicht übersteigt.

Aufzeichnungen sind hinsichtlich der verkauften Waren (mindestens alle 6 Wochen) und der vereinnahmten Geldbeträge (mindestens einmal pro Monat) zu führen. Wie Automatenumsätze können laut Erlass auch Selbstbedienungsgeschäfte behandelt werden (Selbstbedienung gegen Einwurf in eine Box).

8.3.8 Strafbestimmungen

Bereits die Verletzung der Registrierkassen- und Belegerteilungspflicht ist als Finanzordnungswidrigkeit strafbar (bis 5000 €). Es muss dabei zu keiner Verkürzung von Abgaben kommen.

8.3.9 Links zum Erlass und zur Website des BMF

Im genannten Erlass sind weitere Details enthalten. Er ist auf der Homepage des BMF unter folgendem Link abrufbar: https://bit.ly/2EpcYlU

Informationen des BMF auf deren Website:
1.) https://bit.ly/2JyR4B6
2.) https://bit.ly/2M0FLDC
Zu den Einkommensteuerrichtlinien des BMF:
https://bit.ly/2X0WJTg

Für nähere Informationen stehen die Landes-Landwirtschaftskammern zur Verfügung unter www.lko.at. Es wird darauf hingewiesen, dass alle Angaben in dieser Information trotz sorgfältigster Bearbeitung ohne Gewähr erfolgen und jegliche Haftung der Autoren ausgeschlossen ist.

8.4 Die Herstellung von Alkohol im landwirtschaftlichen Betrieb – Alkoholsteuer (Dr. Karl Penninger LK OÖ)

Bei der Herstellung von Alkohol unter Abfindung werden selbst gewonnene alkoholbildende Stoffe auf einem zugelassenen einfachen Brenngerät verarbeitet. Das Wesensmerkmal der abfindungsweisen Alkoholherstellung besteht darin, dass die Alkoholmenge (Abfindungsmenge) und der zum Herstellen der Abfindungsmenge erforderliche Zeitraum (Brenndauer) durch Verordnung des Bundesministers für Finanzen pauschal aufgrund von Durchschnittswerten bestimmt werden.

Brenngerät:
Zum Herstellen von Alkohol sind nur einfache Brenngeräte erlaubt. Darunter versteht man eine Vorrichtung zur Herstellung von Alkohol, die aus einer Heizung, einer Brennblase, einem Helm, einem Geistrohr und einer Kühleinrichtung besteht. Weitere Voraussetzungen sind, dass ein kontinuierlicher Betrieb nicht möglich ist, der Rauminhalt der Blase 150 Liter nicht übersteigt, zum Entleeren der Brennblase keine anderen Einrichtungen vorhanden sind als ein Ablasshahn oder eine Kippvorrichtung. Die Brennblase und der Helm dürfen keine anderen Öffnungen als Füllöffnungen und Öffnungen zum Geistrohr und zum Ablasshahn haben, können aber ein Schauglas aufweisen. Der Antrag auf Zulassung eines einfachen Brenngeräts ist durch dessen Eigentümer beim für den Aufbewahrungsort des Brenngeräts zuständigen Zollamt schriftlich einzubringen. Der Antrag hat den Namen, die Anschrift des Antragstellers und den Aufbewahrungsort sowie eine Beschreibung des Brenngeräts zu enthalten.

Meldepflicht:
Wird eine zur Herstellung von Alkohol verwendete Vorrichtung mit einem Rauminhalt von mehr als zwei Litern erworben oder veräußert, muss dies dem zuständigen Zollamt innerhalb einer Woche schriftlich angezeigt werden.

Überwachungsbuch:
Alle Abfindungsberechtigten haben ein Überwachungsbuch zu führen, in dem unter anderem Art und Menge der zur Herstellung von Alkohol bestimmten alkoholbildenden Stoffe sowie die fortlaufend nummerierten Maischebehälter unverzüglich aufzuzeichnen sind. Der Abfindungsberechtigte hat den Verlust des Überwachungsbuchs beim Zollamt unverzüglich anzuzeigen.

Brenndauer und Brennfrist:
Die Brenndauer (das ist die erforderliche Zeit zur Herstellung von Alkohol in Stunden) ist auf eine Folge von Tagen gleichmäßig zu verteilen. Der erste und letzte Tag sind von dieser Regelung ausgenommen. Unter Brennfrist (tägliche Brennzeit) versteht man den Zeitraum, innerhalb dessen an einem Tag Alkohol hergestellt wird. Die Brennzeit ist frei wählbar (0 Uhr bis 24 Uhr). Das einfache Brenngerät darf vor Beginn der Brennfrist nicht befüllt und muss vor Ablauf der Brennfrist entleert sein.

Berechnung der Brenndauer:
Die Brenndauer wird berechnet, indem die angemeldete Maischemenge in Hektoliter mit der maßgeblichen Konstante multipliziert wird. Bruchteile einer Stunde sind auf volle Stunden aufzurunden.

© Brennerei Dambachler, www.dambachler.at

RECHTLICHE RAHMENBEDINGUNGEN

Konstanten zur Ermittlung der Brenndauer:
Brenndauer = angemeldete Maischemenge in Hektoliter × Konstante

Füllraum der Brennblase in Liter	Konstante A Brennverfahren Roh- und Feinbrand	Konstante B Dreiviertelbrennen, Verstärkungsanlagen
bis 10	43,3	27,2
20	22,1	13,9
30	15,0	9,4
40	11,5	7,2
50	9,4	5,9
60	7,9	5,0
70	6,9	4,4
80	6,2	3,9
90	5,6	3,5
100	5,1	3,2
110	4,7	3,0
120	4,4	2,8
130	4,1	2,6
140	3,9	2,5
150	3,7	2,3

Alkoholbildende Stoffe:
Im Wesentlichen dürfen folgende selbst gewonnene Stoffe gebrannt werden:
Früchte heimischer Arten von Stein- und Kernobst, Beeren, Wurzeln, Getreide und Halmrüben, die der Verfügungsberechtigte als Eigentümer, Pächter oder Nutznießer einer Liegenschaft geerntet hat. Wild wachsende Beeren und Wurzeln, die der Verfügungsberechtigte gesammelt hat oder in seinem Auftrag sammeln ließ. Produkte, die dem Weingesetz unterliegen, wie z. B. Trauben und Obstwein.

Sonderregeln für den Getreidebrand
Die Herstellung von Alkohol aus Getreide oder Halmrüben ist grundsätzlich nur den Bergbauern gestattet, wenn diesen nicht genügend andere alkoholbildende Stoffe zur Verfügung stehen. Flachlandbauern dürfen nur dann Getreide brennen, wenn sie zwischen 1990 und 1994 Branntwein aus Getreide hergestellt haben.

Ausbeutesätze: Nachfolgende Ausbeutesätze beziehen sich auf jeweils 100 Liter zur Destillation aufbereitete alkoholbildende Stoffe und Obstweine.

	Liter Alkohol
1. Äpfel, Birnen	3
2. Sonstiges Kernobst	2
3. Zwetschken, Pflaumen, Mirabellen	5,5
4. Kirschen, Weichseln	5
5. Schlehen, Kornelkirschen	2
6. Sonstiges Steinobst	3
7. Wacholderbeeren, Vogelbeeren	1,5
8. Hagebutten	2
9. Sonstige Beeren	2
10. Weintrauben	4,5
11. Traubenwein	10
12. Sonstiger Obstwein aus in Z 1 bis 9 genannten Stoffen	6
13. Obstweinhefe und Traubenweinhefe, flüssig	3
14. Obstweinhefe und Traubenweinhefe, gepresst	2
15. Treber und Trester	2,5
16. Meisterwurz, Enzianwurzeln	2
17. Halmrüben	2
18. Nicht selbst gewonnene Äpfel, Birnen und nicht selbst gewonnenes Kernobst	3,6

RECHTLICHE RAHMENBEDINGUNGEN

Ausbeutesatz bei Most:
Bei Most (Obstwein) gilt ein fixer Ausbeutesatz von 6 Liter Alkohol pro 100 Liter Obstwein.
Wahlweise ist die Vorlage eines Untersuchungszeugnisses einer anerkannten inländischen Untersuchungsanstalt möglich. Als Alkoholausbeute gilt dann der nachweislich festgestellte Alkoholgehalt (Volumenkonzentration in Prozent), vermindert um höchstens zwei Prozentpunkte. Die Ausbeutesätze laut Verordnung dürfen nicht unterschritten werden.

Ausbeutesatz bei Getreide:
Für 100 kg Getreide gilt eine Ausbeute von 24 Liter Alkohol.

Jährliche Erzeugungsmengen
Grundsätzlich darf der Abfindungsberechtigte pro Jahr 100 Liter (100 %igen) Alkohol steuerbegünstigt (€ 6,48 pro Liter Alkohol) erzeugen. Darüber hinaus ist er berechtigt, jährlich weitere 100 Liter Alkohol zu einem höheren Steuersatz (€ 10,80 pro Liter Alkohol) herzustellen. Jene Landwirte, die über ein 300-Liter-Brennrecht zum begünstigten Steuersatz (€ 6,48 pro Liter Alkohol) verfügen, sind ebenfalls berechtigt, weitere 100 Liter Alkohol zum erhöhten Steuersatz (€ 10,80 pro Liter Alkohol) herzustellen.

Hausbrand:
Vom Alkohol, der im Rahmen eines land- und forstwirtschaftlichen Betriebs in einem Jahr unter Abfindung hergestellt wird, sind als steuerfreier Hausbrand des abfindungsberechtigten Landwirts (einschließlich Ehepartner) 15 Liter Alkohol und für jeden Haushaltsangehörigen, der zu Beginn des Kalenderjahrs das 19. Lebensjahr vollendet hat, 6 Liter Alkohol bis zu einer Höchstmenge von 51 Liter Alkohol, wenn der land- und forstwirtschaftliche Betrieb in den Bundesländern Tirol oder Vorarlberg gelegen ist, 3 Liter Alkohol bis zu einer Höchstmenge von 27 Liter Alkohol, wenn der land- und forstwirtschaftliche Betrieb in einem anderen Bundesland gelegen ist, bestimmt.

Als Haushaltsangehörige gelten andere Angehörige als Ehegatten, die die Voraussetzungen für Dienstnehmer erfüllen (z. B. mitarbeitende volljährige Kinder) oder für deren Rechnung der land- und forstwirtschaftliche Betrieb auch geführt wird.

Dienstnehmer, die ohne Unterbrechung mindestens sechs Monate im land- und forstwirtschaftlichen Betrieb hauptberuflich beschäftigt sind. Personen, denen der Abfindungsberechtigte aufgrund eines land- und forstwirtschaftlichen Ausgedingevertrags freie Verköstigung zu leisten hat, wenn die genannten Personen mit dem Abfindungsberechtigten am Sitz des land- und forstwirtschaftlichen Betriebs im gemeinsamen Haushalt leben und nicht (selbst) zur Herstellung von Alkohol unter Abfindung zugelassen sind. Voraussetzung für die Beanspruchung der Hausbrandregelung ist, dass der abfindungs-

RECHTLICHE RAHMENBEDINGUNGEN

> **Beispiel:**
>
> | | |
> |---|---:|
> | Einheitswert der Land- und Forstwirtschaft | € 6.535,00 |
> | Geschätzte Einnahmen (150 % des Einheitswerts) | € 9.802,50 |
> | Übrige Bruttoeinnahmen: z. B. Hausvermietung | € 2.616,00 |
> | Bezüge aus nicht selbstständiger Arbeit | € 14.534,00 |
> | | € 17.150,00 |
> | | **€ 26.952,50** |
>
> $$\frac{€\ 9.802{,}50 \times 100}{€\ 26.952{,}50} = 36\ \%$$

berechtigte Landwirt seinen Hauptwohnsitz am Betrieb haben muss und zumindest zu einem erheblichen Teil den Lebensunterhalt aus der Landwirtschaft bestreiten muss. Diese Voraussetzung kann entweder aus dem Familieneinkommen oder aus der Betriebsgröße abgeleitet werden. Familieneinkommen: Das Familieneinkommen setzt sich aus dem (geschätzten) land- und forstwirtschaftlichen Einkommen, den übrigen Bruttoeinnahmen des Abfindungsbrenners (z. B. aus nicht selbstständiger Erwerbstätigkeit) und aus allfälligen sonstigen Familieneinkünften zusammen. Unterliegt ein land- und forstwirtschaftlicher Betrieb der Pauschalierung, so können die Einkünfte eines Nebenerwerbslandwirts für die Berechnung des Familieneinkommens mit 150 % des Einheitswerts der selbst bewirtschafteten land- und forstwirtschaftlichen Betriebsflächen bemessen werden. Der Lebensunterhalt wird dann zu einem „erheblichen Teil" aus der Land- und Forstwirtschaft bestritten, wenn der land- und forstwirtschaftliche Umsatz zumindest 2 % der gesamten Bruttoeinnahmen (z. B. Bezüge aus nicht selbstständiger Tätigkeit) beträgt.

Betriebsgröße:

Der Lebensunterhalt wird auch dann zu einem erheblichen Anteil aus dem land- und forstwirtschaftlichen Betrieb bestritten, wenn das Ausmaß der land- und forstwirtschaftlich genutzten Grundfläche, die ein Nebenerwerbslandwirt bewirtschaftet, mindestens fünf Hektar oder bei Weinbau, Gartenbau oder Intensivobstbau ein Hektar beträgt. Nebenerwerbslandwirte, die einen Bergbauernbetrieb ganzjährig bewirtschaften und gemeinsam mit ihrem Ehegatten bewohnen, bestreiten dann ihren Lebensunterhalt und den ihrer Familie zu einem erheblichen Teil aus dem landwirtschaftlichen Betrieb, wenn mindestens eine VE gehalten wird und die gemeinsamen Einkünfte des Landwirts und Ehegatten 29.069 € brutto nicht übersteigen.

Steuersätze:

Der Regelsatz beträgt € 12 je Liter Alkohol. Die Alkoholsteuer beträgt für das 100- und 300-Liter-Kontingent € 6,48 je Liter Alkohol. Die in diesen Kontingenten enthaltene Hausbedarfsmenge ist generell von der Alkoholsteuer befreit. Für die Zusatzmenge von 100 Liter Alkohol beträgt die Alkoholsteuer € 10,80 je Liter Alkohol. Abfindungsanmeldung erfolgt mittels Formular. Die Formulare sind als Ausfüll- und Druckversion unter www.bmf.gv.at verfügbar. Bei persönlicher Einbringung beim Zollamt bzw. bei Übermittlung per Post sind die entsprechenden Vordrucke vollständig auszufüllen und dem zuständigen Zollamt zu übermitteln. Die Abfindungsanmeldung muss fünf Werktage vor Brennbeginn beim zuständigen Zollamt eingebracht werden. Eine Bewilligung gilt als erteilt, wenn das Zollamt nicht innerhalb von drei Tagen nach fristgerechtem Einlangen der Abfindungsanmeldung einen abweisenden oder berichtigenden Bescheid erlässt. Die Abfindungsanmeldung kann auch persönlich beim zuständigen Zollamt eingebracht werden. Mit Zustimmung des Zollamts kann unverzüglich nach Abgabe der Anmeldung mit der Herstellung von Alkohol unter Abfindung begonnen werden. Der für die Zahlung der Steuern bestimmte Erlagschein wird dem Abfindungsbrenner nach der jeweiligen Anmeldung gemeinsam mit dem Tagesauszug (= Buchungsanzeige am Abfindungskonto) im Postweg übermittelt.

Elektronische Abfindungsanmeldung über Finanzonline

Die Anmeldung zur Alkoholherstellung kann über Finanzonline jederzeit eingereicht werden. Der frühestmögliche Brennbeginn ist jedoch fünf Stunden, nachdem das Zollamt innerhalb seiner Öffnungszeiten von der Anmeldung Kenntnis erlangt hat. Als Öffnungszeit gilt die Zeit von Montag bis Freitag (ausgenommen Feiertage) zwischen 8 und 14 Uhr. Bei elektronischer Anmeldung gilt die Bewilligung als erteilt, wenn das Zollamt nicht bis zu Beginn der Brennfrist den Antrag mittels elektronisch übermittelter Nachricht oder auf eine andere Weise abweist. Der Antragsteller soll sich daher vor Brennbeginn über eine etwaige elektronische Abweisung (E-Mail-Nachricht) informieren.

Selbstberechnung und Fälligkeit der Alkoholsteuer
Der Abfindungsberechtigte hat die auf die Abfindungsmenge entfallende Steuer selbst zu berechnen und den Steuerbetrag bereits in der Abfindungsanmeldung anzugeben. Die Steuerschuld entsteht mit Beginn des Brennvorgangs. Der errechnete Steuerbetrag ist bis zum 25. des auf das Entstehen der Steuerschuld folgenden Kalendermonats beim zuständigen Zollamt zu entrichten. Die in Abhängigkeit von den Haushaltsangehörigen zustehende steuerfreie Alkoholmenge ist vor Berechnung der Steuer abzuziehen.

Verkehrsbeschränkungen:
Der unter Abfindung hergestellte Alkohol darf nur an folgende Personen veräußert werden: Letztverbraucher durch Ausschank oder in Kleingebinden mit einem deutlich sichtbaren Vermerk, dass der Inhalt unter Abfindung hergestellt worden ist; Gast- und Schankgewerbetreibende zur Weiterveräußerung durch Ausschank im Gast- und Schankbetrieb; Inhaber eines Alkohollagers. Weiterhin ist es dem Abfindungsberechtigten verboten, abfindungsweise hergestellten Alkohol außerhalb des Steuergebiets zu verbringen oder verbringen zu lassen. Bei Verletzung der Verkehrsbeschränkungen gilt der gesamte in der zugehörigen Abfindungsanmeldung angemeldete Alkohol als gewerblich hergestellt.

Behörden
Für den Vollzug des Alkoholsteuergesetzes (Abfindungsanmeldung, Gerätezulassung, Versteuerung, Überwachung usw.) sind die Zollämter zuständig.

8.5 Aufzeichnungspflichten Sozialversicherung

8.5.1 An- und Abmeldung

An- und Abmeldungen einer land(forst)wirtschaftlichen Nebentätigkeit haben Betriebsführer innerhalb eines Monats zu erstatten, wobei allerdings nur der erstmalige Beginn und das Ende – nicht aber Unterbrechungen – mitzuteilen sind.
Der Betriebsführer hat auch jene Nebentätigkeiten, welche in seinem Auftrag von hauptberuflich im Betrieb beschäftigten Angehörigen ausgeübt werden, der SVB zu melden.

8.5.2 Aufzeichnungspflicht

Betriebsführer von land(forst)wirtschaftlichen Betrieben sind verpflichtet, die Einnahmen aus einer land(forst)wirtschaftlichen Nebentätigkeit aufzuzeichnen.

8.5.3 Meldungen der Einnahmen

Die Einnahmen aus Nebentätigkeiten (Bruttoeinnahmen inkl. MwSt., ohne Berücksichtigung von Ausgaben) sind bis spätestens 30. April des folgenden Jahres der SVB zu melden, wobei zu beachten ist, dass die Meldung bis 30. April bei der SVB eingelangt sein muss!

Erfolgt die Meldung der aus den land(forst)wirtschaftlichen Nebentätigkeiten erzielten Einnahmen an die SVB durch den Betriebsführer nicht fristgerecht, wird ein Beitragszuschlag im Ausmaß von 5 % des gesamten nachzuzahlenden Beitrags vorgeschrieben.
Aktuell (2019) wird seitens der SVB ein Freibetrag von € 3700 von den Bruttoeinnahmen abgezogen. Eine 70 %ige Ausgabenpauschale wird vom verbleibenden Betrag für die Berechnung für Beitragsgrundlage abgezogen. Von der verbleibenden Beitragsgrundlage (30 % >) werden 26,55 % als zu leistender Beitrag festgesetzt.

RECHTLICHE RAHMENBEDINGUNGEN

8.5.4 Antrag auf „kleine Option" bei Nebentätigkeiten

Die Beitragsbemessung für Nebentätigkeiten auf Basis des Einkommensteuerbescheids ist bis 30. April des dem Beitragsjahr folgenden Jahres zu beantragen und gilt mindestens für ein Beitragsjahr. Ein Widerruf eines Antrags ist jeweils bis zum 30. April des dem Beitragsjahr folgenden Jahres möglich.

Bruttoeinnahmen Be- und Verarbeitung	EUR	5.250,00
– Freibetrag	EUR	3.700,00
=	EUR	1.550,00
– 70 % Ausgabenpauschale	EUR	1.085,00
= jährliche Beitragsgrundlage (30 %)	EUR	465,00
monatliche Beitragsgrundlage 1/12	EUR	38,75
Multiplikation mit gültigem Beitragssatz von 26,55 %*	EUR	10,29
Jahressumme (jährliche Vorschreibung)	EUR	123,48

* bei Vollversicherung (KV/UV/PV) im Jahr 2019

Beispiel einer pauschalen Beitragsgrundlagenermittlung für Direktvermarktung von be- und verarbeiteten Produkten. Seite 30, SVB-Broschüre[2]

8.5.5 Auskunftspflicht der Auftraggeber

Zusätzlich zur Meldepflicht der Betriebsführer besteht auch eine gesetzliche Auskunftspflicht der Auftraggeber von land(forst)wirtschaftlichen Nebentätigkeiten. Unternehmen und Körperschaften, die bäuerliche Nebentätigkeiten in Auftrag gegeben haben, sind verpflichtet, der SVB auf Anfrage binnen zwei Wochen Name und Anschrift des Auftragnehmers, die Art der erbrachten Leistung sowie das Entgelt der erbrachten Leistung mitzuteilen (https://bit.ly/2M2qS3G).[3, 4]

Arbeitsaufgaben

- Berechne die Vorschreibung der Beiträge aus Nebentätigkeiten aus Be- und Verarbeitung bei einer Umsatzmeldung von € 12.500 brutto. Verwende dazu die Broschüre „Nebentätigkeiten – Be- und Verarbeitung überwiegend eigener Naturprodukte" unter www.svb.at.

- Liste anhand des Urproduktekatalogs aus dem Bereich Obst und Gemüse je fünf Beispiele von Urprodukten und be- und verarbeiteten Produkten unter Verwendung der „SVB Broschüre Nebentätigkeiten" auf.

- Überprüfe anhand einer Rechnung aus deinem privaten Lebensmitteleinkauf die Rechnungsbestandteile auf Vollständigkeit und erläutere sie.

Quellen:
[1] https://www.gutesvombauernhof.at/uploads/media/intranet/DV_A-Z__Recht/Rechtliches_zur_Direktvermarktung_Druckversion_low_II-2018.pdf
[2] https://www.svb.at/cdscontent/load?contentid=10008.588898&version=1463641510
[3] https://www.svb.at/cdscontent/?contentid=10007.718574&viewmode=content
[4] https://www.svb.at/cdscontent/load?contentid=10008.588898&version=1558075946

9 Bedeutung von Diversifizierung für landwirtschaftliche Betriebe

Grundkompetenzen

- Den Begriff Diversifizierung erläutern und ein Beispiel herausarbeiten.
- Die Arten der Diversifizierung erklären und jeweils mit einem Beispiel belegen.
- Zwei Ziele der Diversifizierung nennen und begründen.
- Drei Voraussetzungen für eine Diversifizierung nennen und analysieren.
- Zwei Diversifizierungsbeispiele außer Haus (nicht in direktem Zusammenhang mit dem Betrieb) nennen und die beiden miteinander vergleichen.

Erweiterte Kompetenzen

- Für einen Betrieb aufgrund seiner Urprodukte (Fleisch-, Milch-, Obstproduktion etc.) eine horizontale Diversifizierung erstellen und bewerten.
- Für einen landwirtschaftlichen Betrieb in Stadtnähe eine vertikale Diversifizierung erstellen und bewerten.
- Diversifizierung hilft einem Betrieb, auf mehreren Standbeinen zu stehen. Analysieren dieser Aussage und vergleichen mit einem landwirtschaftlichen Betrieb, dessen einziges Standbein in der klassischen Urproduktion ist.
- Diversifizierung lässt auch persönliche Auslebung der eigenen Talente zu. Diese Aussage interpretieren und ein Beispiel dazu erörtern.
- Bürokratische Herausforderungen stellen eine Hemmschwelle in der Diversifizierung dar. Diese Aussage anhand von drei genannten bürokratischen Herausforderungen interpretieren.

9.1 Land- und forstwirtschaftliche Diversifizierung

Wissenschaftliche Grundlagen zur Diversifizierung in Österreich sind bis dato nur spärlich vorhanden, daher beauftragte die Landwirtschaftskammer Österreich die Hochschule für Agrar- und Umweltpädagogik Wien mit einer Studie, die im Dezember 2018 veröffentlicht wurde.

9.1.1 Studie „Land- und forstwirtschaftliche Diversifizierung in Österreich" – Kurzfassung[1]

In einem ersten Schritt wurde der Begriff Diversifizierung im Kontext der österreichischen Land- und Forstwirtschaft definiert, um ihn in Zukunft exakt gegenüber der Urproduktion abgrenzen zu können. Der zweite Teil der Studie prüfte die wirtschaftliche Relevanz der Diversifizierung auf der Basis der Buchführungsbetriebe im Rahmen des Grünen Berichts. Schließlich wurden im dritten Teil der Studie Landwirtinnen und Landwirte zur Diversifizierung im Rahmen einer Online-Erhebung befragt. Dazu liegen Antworten von 6104 Betrieben vor, darunter 2424 Betriebe mit Diversifizierung.

Aus der Studie wurde folgende Definition abgeleitet: „Diversifizierung ist eine Strategie, die über das klassische Geschäftsmodell der Land- und Forstwirtschaft hinausgeht und betriebliche Ressourcen aktiv mit dem Ziel nutzt bzw. kombiniert, eine höhere Wertschöpfung für den Unternehmerhaushalt zu erzielen." Nebenerwerb oder die Vermietung von Gebäuden zählen daher nicht zur Diversifizierung.

Auf der Basis der Buchführungsergebnisse 2017 wurde im Bundesmittel ein Ertrag aus der Diversifizierung von 9921 Euro exkl. USt. erwirtschaftet, was einem Anteil von 9,3 % am Ertrag insgesamt entspricht. Von diesen 9921 Euro kamen 41,6 % aus der Direktvermarktung (Urprodukte und be-/verarbeitete Produkte), 21,6 % aus Transport- und Maschinenleistungen und je ca. 15 % aus Urlaub am Bauernhof und dem Buschenschank. Der Anteil der Diversifizierung schwankte beträchtlich nach Betriebsform: von 2,9 % in Veredelungs- bis 21,3 % in Dauerkulturbetrieben. Der Vergleich der Einkommen zwischen Betrieben mit und ohne Diversifizierung belegt, dass diversifizierende Betriebe wettbewerbsfähig agieren: Bei ähnlicher Flächenausstattung wird im Schnitt ein höheres Einkommen je Betrieb erwirtschaftet als ohne Diversifizierung. Beim Arbeitseinkommen relativiert sich der Vorteil etwas, da im Schnitt um 0,5 Arbeitskräfte mehr notwendig sind.

Die Online-Befragung verweist darauf, dass mehr als die Hälfte der Befragten die Diversifizierung nicht von ihren Eltern übernahmen, sondern diese selbst auf ihrem Betrieb implementierten. Interessant: Rund 10 % starteten als Quereinsteigerinnen oder Quereinsteiger. Insgesamt kann eine hohe Zufriedenheit mit der Diversifizierung attestiert werden, denn 23 % der Befragten waren damit sehr, weitere 47 % eher zufrieden.

Zu den größten Herausforderungen in der Diversifizierung zählen laut den Einschätzungen der Befragten Vorschriften und Bürokratie (für 50 % voll zutreffend), hoher Zeitaufwand und Arbeitsbelastung (39 %), verlässliches Personal zu finden (29 %), Wirtschaftlichkeit (21 %), Kundinnen bzw. Kunden zu finden und zu binden (20 %). Diese Einschätzungen weichen kaum zwischen Betrieben mit unterschiedlichen Diversifizierungszweigen (Direktvermarktung, Urlaub am Bauernhof etc.) ab.

Als zentrale Erfolgsfaktoren in der Diversifizierung kristallisierten sich persönliche und soziale Faktoren heraus: Motivation, Interesse und Freude (für 82 % voll zutreffend), Kontaktfreudigkeit, Interesse für Kundinnen und Kunden (62 %), Ausbildung und eigene Fähigkeiten (61 %), Ausdauer und Durchhaltevermögen (61 %) und Zusammenhalt in der Familie (61 %). Daran fügten sich unternehmerische Aspekte wie unternehmerisches Know-how, Risikobereitschaft oder Marketing an. Auch bei den Erfolgsfaktoren konnten kaum Abweichungen in Abhängigkeit vom Diversifizierungszweig festgestellt werden.

Die Diversifizierung in Österreich dürfte sich weiter professionalisieren, denn fast jeder Dritte möchte die Diversifizierung in den kommenden Jahren ausbauen. Neueinstiege in die Diversifizierung werden von Befragten, die noch keine Diversifizierung betreiben, weniger angestrebt. Die Hemmnisse für potenzielle Neueinsteigerinnen und Neueinsteiger decken sich im Wesentlichen mit den von den Befragten mit Diversifizierung genannten Herausforderungen: Arbeitsbelastung sowie Vorschriften und Bürokratie stehen auch hier an oberster Stelle.

Besondere Unterstützung durch Bildung und Beratung benötigen die Befragten bei gesetzlichen Vorschriften und Bürokratie, Steuer-, Sozial- und Gewerberecht, Förderungen, Fragen der Lebensqualität sowie Digitalisierung des Angebots. Generell besteht die Herausforderung in der Diversifizierung, komplexe und oft zusammenhängende Aspekte mit der notwendigen Tiefe und Schärfe zu erfassen. Schließlich wird eine Art Kompetenzzentrum für Diversifizierung in den Landwirtschaftskammern auf der Basis dieser Studie vorgeschlagen, in denen rechtliche, unternehmerische, psychologische, persönliche und soziale Inhalte professionell vernetzt und gebündelt angeboten werden. Denn, so eine Schlussfolgerung, solitäre Insellösungen werden den Herausforderungen in der Diversifizierung für immer professioneller agierende Kundinnen und Kunden kaum gerecht werden.

9.1.2 Definition Diversifizierung

Diversifizierung ist eine Strategie, die über das klassische Geschäftsmodell der Land- und Forstwirtschaft hinausgeht und betriebliche Ressourcen aktiv mit dem Ziel nutzt und kombiniert, eine höhere Wertschöpfung für den Unternehmerhaushalt zu generieren.[2]

Die Einkommen in der Land- und Forstwirtschaft für die Urprodukte haben sich sehr verändert. Leider nicht zum Wohl der Landwirtschaft, und so wird es immer schwieriger, mit diesem Einkommen das Auskommen zu finden. Diversifizierung entsteht aus dem Wunsch, mehr aus dem Betrieb bzw. den

Urprodukten zu machen, oder ist eine wirtschaftliche Notwendigkeit. Diversifizierung ist heute für viele Betriebe eine echte Überlebenschance mit großer Nachhaltigkeit in den Regionen, die nicht von Arbeitsplätzen und sozialen Netzen gesegnet sind. Wer sich für eine Diversifizierung entscheidet, entscheidet für sich, für den Betrieb und für die Region. Diversifizierung ist eine Ausweitung von Wahlmöglichkeiten mit dem Ziel, die Chancen zu erhöhen bzw. das Risiko zu vermindern. Auf einem landwirtschaftlichen Betrieb ist Diversifizierung heute vielfach notwendig und wird in hohem Ausmaß professionell betrieben.

Als Betrieb an Diversifizierung zu denken, ist immer angebracht und ist meist zukunftsweisend bzw. gehört zu einer guten Unternehmensführung dazu. Die betrieblichen Traditionen in der Bewirtschaftung sind immer wieder zu hinterfragen bzw. weiterzudenken. Insbesondere dann, wenn das Einkommen immer weniger wird. Veränderungen können gesellschaftspolitscher, aber auch politscher Natur sein. Gerade hinsichtlich Tierschutz oder auch neuer Ernährungsformen können zu einer betrieblichen Veränderung führen, sei es aus Notwendigkeit heraus oder um damit einen Markt zu bedienen, den es bisher noch nicht gegeben hat. Veränderungen politischer Natur können sich durch andere Fördermodelle auswirken. Preisentwicklungen, Arbeitskräftemangel bzw. Arbeitskräfteüberschuss können ebenso auslösend für eine Veränderung in den Produktionszweigen sein.

Ziele der Diversifizierung sind die ...
- Stärkung land- und forstwirtschaftlicher Betriebe durch außerlandwirtschaftliches Zusatzeinkommen aus dem Verkauf von Produkten und Dienstleistungen gemäß den Anforderungen des Marktes.
- Erwirtschaftung außerlandwirtschaftlichen Einkommens durch Entfaltung wirtschaftlicher Tätigkeiten im ländlichen Raum unter Heranziehung landwirtschaftlicher Produktionsfaktoren.

9.2 Arten von betrieblicher Diversifizierung

9.2.1 Horizontale Diversifizierung

Horizontale Diversifizierung bedeutet z. B. das Ausweiten der Produktion auf mehrere Kulturen im Anbau von Gemüse und/oder Obst, zusätzlich einen Teil Kräuter oder andere Spezialkulturen oder ebenso in der Viehwirtschaft. Die Produktionsfläche bzw. die Gebäude werden teilweise anders genutzt und man bleibt dabei meist in der Urproduktion tätig. Ein Beispiel wäre, wenn zusätzlich zu den Johannisbeeren noch andere Beeren folgen würden und vielleicht auch noch eine Wildrosenvermehrung. Eine Bedeutung könnte der Vielfalt und einer längeren Verfügbarkeit der Angebote zugeschrieben werden.

9.2.2 Vertikale Diversifizierung

Von vertikaler Diversifizierung spricht man, wenn in den vor- oder nachgelagerten Bereich ausgedehnt wird, was der klassischen Direktvermarktung entspricht. Diese Art der Diversifizierung findet sich in Herstellungsprozessen wieder, wenn Urprodukte be- und/oder verarbeitet werden. Dies erfolgt bereits außerhalb der Urproduktion und dient der Erhöhung der Wertschöpfung aus den Urprodukten. Beispiele sind die Klassiker: Getreide zu Brot verarbeiten, Fruchtsäfte für die Buschenschank oder Milch zu verschiedenen Milchprodukten. Die Vermarktung der Produkte kann ein weiterer Schritt in der Diversifizierung sein, indem innovative Verkaufswege eingeschlagen werden.

9.2.3 Laterale Diversifizierung

Diese Form der Diversifizierung ist unabhängig vom landwirtschaftlichen Betrieb und es besteht kein Zusammenhang mit der ursprünglichen landwirtschaftlichen Produktion. Es ist immer eine Art der Erwerbskombination in einem anderen Bereich wie z. B. Green Care. Dabei werden meist ganz neue Wege gegangen, die oft mit dem erlernten Beruf des Bauern, der Bäuerin bzw. der HofübernehmerInnen in Zusammenhang stehen. Es kann sich auch um eine nicht selbstständige Tätigkeit handeln, indem man eine Arbeit annimmt.

Auch andere Definitionen für die Arten von Diversifizierung sind in der Fachliteratur zu finden, wobei es sich schlussendlich immer um die Ausweitung in Richtung neuer Betriebszweige handelt. Diversifizierung kann keinen wirtschaftlich schwachen Betrieb retten, da dann schon kein Kapital zum Aufbau eines neuen Betriebszweiges vorhanden ist. Wer aber rechtzeitig reagiert, marktaffin ist und das richtige Produkt für sich findet, kann rechtzeitig entgegenwirken und Einkommen durch Diversifizierung schaffen.

9.3 Voraussetzungen für eine Diversifizierung

Eine Diversifizierung kann nur dann erfolgreich sein, wenn der Aufbau eines neuen Betriebszweigs mit Begeisterung und echtem Einsatz der handelnden Personen stattfindet.

9.3.1 Verfügbare Arbeitszeit, Arbeitskräfte, Arbeitskapazitäten

Jede Betriebserweiterung bedarf Arbeitskräfte, die sich diesem neuen Betätigungsfeld zuwenden können, um es zu einem erfolgreichen Standbein aufzubauen. Dies kann neben einem höheren Einkommen auch andere Ziele haben: Freude an der Arbeit, Erfolg in diesem Aufgabenbereich, Anerkennung u. v. m. Verfügbare Arbeitszeiten können sich ergeben durch das Erwachsenwerden der Kinder, dem Auslaufen eines Pflegefalls, die Rückkehr der HofübernehmerInnen nach der Ausbildung.

9.3.2 Verfügbare Räumlichkeiten

Es kommt dabei immer auf die Art des geplanten Betriebszweigs an. Ist dies eine Erwerbskombination außer Haus wie Arbeiten für den Maschinenring oder Verkauf im Bauernladen, fallen keine Bedürfnisse dahingehend an. Bei vorhandenen, nicht mehr genutzten Räumlichkeiten könnte sich daraus ein Erwerb ergeben wie z. B. Einrichten einer Werkstätte, Räume für Urlaub am Bauernhof, Schule am Bauernhof oder auch in Richtung Green Care, z. B. eine Tagesstätte für ältere Menschen.

9.3.3 Verfügbare Flächen

Diese Verfügbarkeit hängt wie bei den räumlichen Voraussetzungen von der Art der Diversifizierung ab. Wenn es sich um kleine Flächen handelt, z. B. für Knoblauchanbau, wird es leicht sein, ein Stück vom Mutterbetrieb dafür zu verwenden. Es kann sich aber auch ergeben, dass durch den Wunsch der Brotproduktion Getreidefelder gebraucht werden. Dies greift dann schon schwerwiegender in die Bewirtschaftung ein. Aber positiv gesehen könnte aus der verwendeten Fläche ein Mehrerlös wie z. B. aus einer Grünfutterfläche für die Milchviehhaltung erzielt werden.

9.3.4 Verfügbare finanzielle Mittel

Diese sind anzudenken, wenn es gilt, größere Investitionen zu schaffen. Es gilt, eine genaue, ehrliche Kalkulation des neuen Erwerbszweigs durchzuführen und sich erst dann für eine Investition zu entscheiden. Es kann sich allerdings durchaus lohnen, wenn der neue Betriebszweig zielgerichtet aufgebaut wird. Eine Seminarküche für eine aktive Seminarbäuerin mit einem Kräutergarten in einer Tourismusregion sei hier als mögliches Beispiel genannt.

9.3.5 Verfügbarer Markt

Kann ich meine Produkte und Dienstleistungen in meiner Region verkaufen? Sind ausreichend potenzielle Kunden vorhanden? Sind diese Voraussetzungen nicht so optimal, ist ein möglicher anderer Vertriebsweg für meine Angebote anzudenken. Z. B. liegt mein Bauernhof zu abgelegen, kann ich meine Produkte in einem Bauernladen verkaufen lassen oder über das Internet verkaufen?

9.3.6 Ausbildung

Aktive Menschen sind meist auch sehr gut ausgebildet oder hegen den Wunsch, in ihrem Stammberuf zu arbeiten bzw. haben auf dem Betrieb einen Bereich für sich gefunden, den sie gern ausbauen möchten. Eine in der Gastronomie ausgebildete Person, die ihren Beruf sehr gern mag, kann vielleicht an ein Bauernhofcafé denken, oder ein gelernter Tischler oder Zimmerer baut sich daheim eine Werkstatt. Bildung und Wissen sowie laufende Weiterbildung bringen jeden in seinem persönlichen und wirtschaftlichen Erfolg weiter.

9.4 Kreative, innovative Ideen und ihre Grenzen

Kreativität und Innovation stehen für Diversifizierung sehr weit vorn. Auf dem „Markt" ist noch immer viel Platz, was viele Mitbewerber uns immer wieder beweisen. Für eine gute Lebensqualität ist von großer Bedeutung, sich im Beruf oder auf einem Arbeitsfeld selbst verwirklichen zu können. Persönliche Talente ungenutzt zu lassen, wäre außerdem schade. Grundsätzlich darf alles angedacht werden, auch wenn es zuerst noch so verrückt klingen mag. Neues zu beginnen hängt stark von Freude und Neugierde ab und braucht ein gewisses Maß an Mut und auch Risikobereitschaft. Wenn aber der Weg das Ziel ist und die Person sich selbst überzeugt hat, wird es ein guter Start in eine neue Aufgabe werden.

Dazu ein paar Beispiele:
- Musikschule am Bauernhof
- Theater am Bauernhof
- Jahreszeitenwanderungen mit mehreren Betrieben
- Weben am Bauernhof
- Holzfiguren schnitzen
- Einkochseminare über ein ganzes Jahr
- Leben im Wald
- u. v. m.

9.5 Praxisbeispiele gelebter Diversifizierung in Österreich

9.5.1 Direktvermarktung & Mostschank Schedlberger
www.binderberg.at

Der landwirtschaftliche Vollerwerbsbetrieb mit Mostschank des Brüderpaars Manfred und Johannes Schedlberger liegt in wunderschöner Alleinlage im oberösterreichischen Traunviertel. Der Betrieb wird seit 2006 gemeinsam mit den Ehepartnerinnen Simone und Kathrin geführt. 2011 hat Manfred nach dem Tod des Vaters den landwirtschaftlichen Betrieb übernommen und die Direktvermarktung auf- und ausgebaut. Johannes (Angestellter, Geschäftsführer) hat sich mit seiner Familie auf den Mostschank konzentriert und diesen aus- und aufgebaut.

Der Betrieb

Die 20 Hektar große Landwirtschaft inklusive Streuobstwiesen ist Eigengrund. Bis Februar 2019 war der Hauptbetriebszweig die Milchviehhaltung. Jetzt gibt es am Betrieb Mutterkühe, Maststiere, Milchkühe, Hausschweine, Mangalitzaschweine und Hühner. Diese bilden die Basis für die Direktvermarktung mit Verkauf im Hofladen und dem Mostschank. Seit 2017 ist der Betrieb mit der Marke „Gutes vom Bauernhof" ausgezeichnet (https://bit.ly/2Erg8FX).

Der Betrieb wird als konventioneller Vollerwerbsbetrieb geführt und ist in der Vollpauschalierung. Die Maschinen und Geräte sind alle im Eigentum des Betriebs, bis auf ein Güllefass, Doppelschwader und Kreiselheuer, diese sind in Gemeinschaft mit einem Onkel. Durch die Mitgliedschaft im Maschinenring können Maschinenkosten und Arbeitszeit gespart werden.

Aus- und Weiterbildung

Am Betrieb der Schedlbergers spielt Aus- und Weiterbildung eine große Rolle. Manfred hat die Landwirtschaftliche Fachschule in Schlierbach absolviert und ist Facharbeiter. Weitere Ausbildungen, die ihm jetzt betrieblich sehr helfen, sind die Ausbildung zum Landmaschinentechniker und Solarmonteur. Seine Frau Simone hat die Landwirtschaftsschule in Kleinraming absolviert, ist Einzelhandelskauffrau im Bereich Medien und Fotografie. Speziell für die Direktvermarktung wertvoll war auch der Zertifikatslehrgang für Direktvermarktung mit einem Stundenausmaß von 140 Stunden.

Magalizaschwein garantiert beste Speckqualität

Das sehr einladende Ambiente der Mostschenke Binderberg, www.binderberg.at

Mostschank

Johannes, der mit seiner Frau Kathrin und Tochter Sophie (neun Jahre) den Mostschank „Binderberg" www.binderberg.at betreibt, hat für diesen Betriebszweig die ideale Voraussetzung. Er absolvierte eine dreijährige Ausbildung zum Koch, ist Mostsommelier und seit 2019 auch Edelbrandsommelier. Die Obstveredelung ist seine Leidenschaft. So sind seine Obstprodukte vielfach mit Gold prämiert – von der Goldenen Birne bis zur GenussKrone Österreich für seinen Birnencider. Seit 2009 hat Johannes die neue Kellertechnik im Keller umgesetzt.

Die Umstellung von alten Holzfässern zu modernen Edelstahltanks und moderner Mostpresse unterstützt die Qualitätsproduktion am Hof. Das Gefühl, die richtige Mischung nun auch in die Flasche zu bringen, wird durch die Vielzahl an Prämierungen bestätigt.

Arbeitsorganisation am Binderberg

Für ein gutes Miteinander bedarf es bei dieser Betriebskonstellation einer besonders guten Aufgaben- und Arbeitseinteilung. Manfreds Aufgabengebiet ist die Landwirtschaft inklusive aller Tiere. Seine Frau Simone ist für die Buchhaltung zuständig.

Johannes und Kathrin sind für den Mostheurigen zuständig und auch die „Jausen" und Mostproduktion obliegt ihnen. Marketing, Facebook und der gesamte Auftritt nach außen ist ebenfalls im Aufgabenbereich von Kathrin und Johannes. Tatkräftige Unterstützung kommt auch von Mutter Ottilie und Stefan, eine Teilzeitkraft, die im Mostheurigen tatkräftig mitarbeitet.

Hofladen

Im Mai 2017 wurde der stilvoll gestaltete Hofladen eröffnet, der den Ab-Hof-Verkauf erleichtert und sich mit dem Mostschank ideal ergänzt. Im Hofladen helfen alle mit und die Produktpalette reicht von Most, Cider, Saft und Edelbränden von Johannes bis zu Essig, Käse, Kräutersalze, Pesto, Speck, Grammelschmalz und Fleisch von den eigenen Tieren am Hof. Hier wird gemeinschaftlich produziert und vermarktet.

Kathrin und Johannes Schedlberger freuen sich über die Genuss-Krone Österreich für den den Birnencider

DIVERSIFIZIERUNG

Manfred und Johannes Schedlberger mit ihren Auszeichnungen der Prämierungen Goldene Birne und Goldenes Stamperl der Messe Wieselburg. www.binderberg.at

Zukunftspläne am Binderberg

„Wir wollen den Ab-Hof-Verkauf ausbauen, wobei sich der Hofladen in Kombination mit dem Buschenschank ideal ergänzt. Der Mostheurige, die Qualität von Jause und Getränkeangebot sollen auf hohem Niveau geführt werden."

Zitat der Brüder vom Binderberg:

„Nicht gegeneinander arbeiten, sondern miteinander – gemeinsam ist man stärker."

9.5.2 Urlaub am Bauernhof – Tassenbacherhof

Urlaub am Bauernhof und Seminarbauernhof, Tassenbacherhof. Strassen in Osttirol
www.tassenbacherhof.at

Margit Aigner im Gespräch mit Eva-Maria Lipp

Frage 1: Wie sind Sie mit Ihrem Betrieb auf „Urlaub am Bauernhof" und Seminarbauernhof gekommen und was bieten Sie heute im Sinne der Diversifizierung auf Ihrem Betrieb an?

„Unser Haus, der Tassenbacherhof, ist ein ehemaliger Fuhrmannsgasthof mit dazugehöriger Landwirtschaft. Der Betrieb stammt aus dem 16. Jahrhundert und ist seit jeher in Familienbesitz.

Nach guten Zeiten und schlechten Zeiten, wie das Leben so spielt, standen wir 2011 vor der Entscheidung: Was machen wir mit unserem Hof? Ein großes altes Haus aus dem 16. Jahrhundert galt es, aus dem Dornröschenschlaf zu wecken.

Mit der Hilfe eines ausgezeichneten jungen Architekten aus unserer Region fanden wir schließlich die Lösung. Das dreistöckige Haus soll wieder ein Haus der Begegnung werden sowie Heimat für die fünf inzwischen erwachsenen Kinder. Ziel war: alles Alte möglichst zu erhalten, das Neue schlicht und mit natürlichen Materialien zu ergänzen. Nach dem Motto: „Weniger ist mehr."

Als langjährige Gastwirtin, gelernte Köchin und Seminarbäuerin war es mein Ziel, für mich zu Hause einen eigenen Arbeitsplatz zu schaffen. Der älteste Sohn übernahm die Landwirtschaft, betreibt diese im Nebenerwerb, ein Kind ist schon außer Haus, drei gehen ihren Berufen nach, wohnen und helfen zu Hause kräftig mit.

Im zweiten Stock wohnen die Kinder in einer WG. Das erste Stockwerk wurde zu einer 250 m² großen Luxusferienwohnung für sechs bis zehn Personen mit integrierter Sauna umfunktioniert. Als „Urlaub am Bauernhof"-Mitglied genieße ich die Vorteile, die eine so große Organisation bietet, bin dadurch auf dem neuesten Stand. Dies schlägt sich in stetig wachsenden Nächtigungszahlen nieder.

Im Parterre befinden sich meine Wohnung und mein Traum, eine Schauküche mit Holzbrotbackofen, Seminarraum und Toiletten für die Kursteilnehmer.

Der Tassenbacherhof ist zu jeder Jahreszeit leicht erreichbar und bietet mit seinen dicken Mauern und Gewölben ganz besondere Räumlichkeiten und die notwendige Ruhe für erfolgreiche Seminare mit Kleingruppen. Mit dem LFI Osttirol habe ich einen tollen Partner gefunden, der wunderbar zu meiner Überzeugung passt: modernes Kochen mit natürlichen Lebensmitteln aus der Region! Besonders intensives Geschmackserlebnis durch das Kochen je nach Saison. Kochkurse: regionale Spezialitäten, österreichische Küche, mediterrane Küche. Brotbackkurse: Holzofenbrot mit Sauerteig, diverses Kleingebäck, Dinkel, Roggen, Weizen, Heidenmehl. Mit den modernen Rezepten von Eva Lipp ist es auch für Neulinge ein Leichtes, wunderbares Brot zu backen.

Aber auch meine Gäste in der Ferienwohnung kochen und backen gern mit mir gemeinsam. Auch Firmen buchen die Wohnung mit gemeinsamem Kochen für ihre Führungskräfte. Denn Kochen eignet sich wunderbar für Teambildungsseminare."

DIVERSIFIZIERUNG

Frage 2: Was hat sich seit Ihrem Entschluss, ein Betrieb mit UAB und Seminarbauernhof zu werden, für Sie persönlich, arbeitswirtschaftlich und wirtschaftlich verändert?

Bis zur Fertigstellung des Umbaus habe ich zehn Jahre in diversen Tourismusbetrieben als Köchin gearbeitet. Tägliches Pendeln nach Südtirol, 30 Kilometer hin und zurück, tägliches Hausverlassen bei Wind und Wetter, ein Auto, unregelmäßige Arbeitszeiten, keine Selbstständigkeit, nicht immer angenehme Chefs und Mitarbeiter.

Demgegenüber stand: Viel Arbeit ist zu Hause liegen geblieben, da keine Zeit und keine Kraft mehr dafür war. Ein Familienleben war kaum mehr möglich, da an Sonn- und Feiertagen am meisten Arbeit in den Betrieben war, wo ich gearbeitet habe.

Heute ist alles anders!
- Arbeitsplatz zu Hause
- Keinen Chef mehr
- Freie Zeiteinteilung
- Zeit für Familie und Freunde
- Tolle Erlebnisse und Zeit mit Gästen aus verschiedenen Nationen
- Zeit für mich!
- Haus und Arbeit werden nicht vernachlässigt.
- Vorteil „Urlaub am Bauernhof"-Betrieb: Professionelle Begleitung, viele Weiterbildungsmöglichkeiten, Erfahrungsaustausch mit anderen Mitgliedsbetrieben, bessere Sichtbarkeit des Betriebs im Ausland durch tolle Werbung und Marketing. Channel Manager – Wartung über „Urlaub am Bauernhof" – enorme Zeitersparnis.
- Stetig wachsende Buchungszahlen, damit auch mehr Geld zur Verfügung.

Frage 3: Mit welchem Argument würden Sie andere Betriebe überzeugen, an Diversifizierung und an Urlaub am Bauernhof bzw. Seminarbauernhof zu denken?

- „Urlaub am Bauernhof" ist eine tolle Möglichkeit, im eigenen Haus seinen Arbeitsplatz zu haben.
- Ideal für junge Frauen, Familie und Arbeit unter einen Hut zu bringen. Freie Zeiteinteilung, mehr Lebensqualität, ständige Weiterbildungsmöglichkeit, Kontakt mit Menschen, sich selbst verwirklichen und seine Talente im Betrieb einsetzen.
- Mit steigenden Buchungszahlen immer höheres Einkommen erzielen.
- Eigener Arbeitsplatz, steigendes Einkommen, im Alter gute Pension!
- Arbeitsplätze für die Kinder am eigenen Betrieb schaffen.
- Die Entscheidung, ein „Urlaub am Bauernhof"-Betrieb zu werden, und meine Leidenschaft, das Kochen, als Seminarbäuerin in den Kursen auszuleben, gibt mir Selbstvertrauen und war das einzig Richtige.
- Einziger Fehler: Viel zu spät. Ich appelliere an die Jugend: Mut zu euren Talenten, eurem Können, nützt die Organisation „Urlaub am Bauernhof", um eure Träume zu erfüllen, und setzt sie am eigenen Betrieb ein. Ihr könnt nur gewinnen!

Blick in den großzügigen und gemütlichen Wohnraum der Ferienwohnung.

Das sehr schön renovierte Haus am Tassenbacherhof in Strassen in Osttirol. https://www.tassenbacherhof.at/

9.5.3 Green Care, Klausnerhof

Green-Care-Betrieb – Klausnerhof, Aich – Assach
www.klausner-hof.at

Wir haben uns Gedanken gemacht, wie wir meinen Beruf als Therapeutin und den landwirtschaftlichen Betrieb sinnvoll und für uns lebbar verbinden können. So entstand schon vor der Hofübernahme der Gedanke eines Gesundheits- und Therapiebauernhofs. Nach Hofübernahme haben wir uns dann natürlich sehr intensiv mit unserem „Projekt" auseinandergesetzt. Ziel war, alle Bereiche zu einem schönen, großen Ganzen zu verbinden. Mit viel Enthusiasmus, Arbeitseifer und manchen Widerständen ist der Klausnerhof zu diesem schönen Ganzen geworden, so wie er jetzt mit seinen drei Standbeinen ist: „Urlaub am Bauernhof", Gesundheitspraxis am Hof und Landwirtschaft. Wir wollten Gästeschichten ansprechen, die Wert auf Nachhaltigkeit und einen bewussten Umgang mit der Natur legen. In meiner Praxis arbeite ich ganzheitlich. Die Landwirtschaft sollte auch eine gelebte Landwirtschaft bleiben, deshalb gibt es neben einer großen Alpaka- und Lamazucht und den zwei Therapiepferden auch noch zwei Schweine und Rinder am Hof. Alles, was am Hof produziert wird, wird auch ab Hof vermarktet. Bei allen baulichen Maßnahmen am Hof sollte das Hofbild eines über 250 Jahre alten Bauernhofs erhalten bleiben und wir haben großen Wert auf Baubiologie und heimische Rohstoffe gelegt. Urlaub am Bauernhof darf unserer Meinung nach auch Bewusstseinsbildung sein. Alle drei Bereiche verschmelzen miteinander. So können unsere Gäste das Angebot der Gesundheitspraxis und natürlich auch der Landwirtschaft nutzen. Ich arbeite in meiner Praxis unter anderem auch tiergestützt. Alle Produkte, die in der Landwirtschaft erzeugt werden, werden auch im Gästebereich genutzt. So schlafen unsere Gäste in Alpakabetten, bekommen zum Frühstück selbst gemachte Produkte und dürfen z. B. mit unseren Alpakas und Lamas auf Wanderschaft gehen. Natürlich steht das gesamte Angebot am Hof auch externen Besuchern offen. Am Hof finden Seminare statt, es gibt neben Einzeltherapien auch Qigong-Kurse, die, wenn es das Wetter erlaubt, auch im Freien stattfinden.

Der Klausnerhof und Green Care haben sich parallel entwickelt. Ich habe von Green Care gehört und wollte Näheres darüber erfahren. So kam Frau Senta Bleikolm-Kargl zu uns auf den Hof. Damals arbeitete man gerade an Zertifizierungsrichtlinien. Im kommenden Jahr wurde der Klausnerhof als einer der ersten Betriebe in Österreich Green Care zertifiziert und vergangenes Jahr re-zertifiziert.

Die Tiere haben am Klausnerhof in Aich - Assach in der Steiermark und bei den Therapien einen großen Stellenwert. www.klausner-hof.at

Gemeinsam mit der Familie wurde dieses Projekt umgesetzt.

Das renovierte und ausgebaute Bauernhaus nach traditionellem Stil mit regionalen Baumaterialien ist ein Schmuckstück.

DIVERSIFIZIERUNG

Zusammenfassend kann zu Green Care gesagt werden:
- Green Care ist für uns in erster Linie ein Qualitätsmerkmal. Es ist wichtig, sich von anderen Höfen zu unterscheiden. Das ist auch ein wirtschaftlicher Faktor.
- Heute ist Green Care auch eine Möglichkeit, mit viel Unterstützung neue Wege einzuschlagen, und gerade für kleinstrukturierte Betriebe eine große Chance.
- Wichtig ist bei allem, was man tut, dass man es mit viel Herzblut tut. So kann man große Herausforderungen meistern, seinem Weg treu bleiben und vor allem authentisch sein, und genau das spüren die Menschen. Getreu unserem Motto: Urlaub am Bauernhof & Naturerlebnis BewusstSEIN in der Region Dachstein Tauern.

Wir arbeiten gerade an einer neuen Website. Diese wird nahtlos übergehen ebenfalls unter www.klausner-hof.at.

9.5.4 Direktvermarktung – Betrieb Mitteregger, vlg. Girnerhof in Mautern in der Steiermark. www.girnerhof.at

1. Wie sind Sie mit Ihrem Betrieb zur Direktvermarktung gekommen und was bieten Sie heute im Sinne der Diversifizierung auf Ihrem Betrieb an?

Mein Mann und ich hatten schon immer eine Leidenschaft und großes Interesse an qualitativ herausragenden Lebensmitteln. Zudem sind wir auch offen für neue Projekte und Herausforderung.

Voll Stolz präsentiert die Familie Mitteregger aus Mautern in der Steiermark (Betriebsführer und Hofübernehmer) ihre ausgezeichneten Produkte und ihre unzähligen Auszeichnungen. www.girnerhof.at

So haben wir vor 30 Jahren mit der Veredelung von Schweinefleisch begonnen. Es war sehr spannend, alte, überlieferte Rezept auszuprobieren, und auch neue, eigene Ideen hatten in unserem Schaffen immer wieder Platz gefunden.

Heute vermarkten wir frisches Schweine- und Rindfleisch und ein Sortiment an Speck-, Selch- und Wurstwaren im Hofladen in Mautern. Seit 2016 betreiben wir ein eigenes Geschäft in Leoben.

2. Was hat sich seit Ihrem Entschluss, ein Direktvermarktungsbetrieb zu werden, für Sie persönlich, arbeitswirtschaftlich und wirtschaftlich verändert?

Seit unserem Beginn mit der Direktvermarktung hat sich sehr vieles grundlegend auf unserem Hof geändert. Wir betreiben nicht nur einen landwirtschaftlichen Betrieb, sondern sind auch ein Lebensmittelproduzent und ein fleischverarbeitender Betrieb geworden.

Zum Ab-Hof-Verkauf kamen andere interessante Absatzmöglichkeiten dazu – Geschäft in Leoben, Belieferung von Wiederverkäufern, Belieferung von Gastwirten.

Unser großes Ziel, aus einer Nebenerwerbslandwirtschaft einen Vollerwerbsbetrieb zu machen, haben wir 2018 erreicht. Wir sind auch Arbeitgeber im ländlichen Bereich.

Der Arbeitseinsatz auf einem Direktvermarktungsbetrieb ist zwar sehr groß, aber die Gestaltungsmöglichkeiten sind sehr vielfältig, und das ist immer wieder eine spannende Herausforderung.

Man ist im wahrsten Sinne des Wortes: Unternehmer! Man braucht Strukturen, einen geregelten Wochenplan und man schlüpft jeden Tag in verschiedenste Rollen und übernehmen mehrere Funktionen: Produktion, Marketing, Vertrieb, Management, Buchhaltung.

3. Mit welchem Argument würden Sie andere Betriebe überzeugen, an Diversifizierung beziehungsweise an Direktvermarktung zu denken?

Heute in die Direktvermarktung einzusteigen, braucht sicher viel Ideenreichtum, da der Markt immer spezieller wird. Das Spektrum an Absatzmöglichkeiten ist mehr als vielfältig geworden, und man hat auch in exponierten Lagen gute Möglichkeiten, seine Produkte zu verkaufen.

Man verkauft seine Arbeitsleistung zu einem guten Preis und kann auch die Preisgestaltung für die erzeugten Produkte selbst in die Hand nehmen.

Die Selbstverwirklichung und die Wertschätzung dem eigenen Können gegenüber sind wichtige Motivationsfaktoren. Dazu kommen eine höhere Wertschöpfung und die Begeisterung für die erzeugten Lebensmittel – ebenfalls Impulsgeber für Neueinsteiger zu einer gelingenden Diversifizierung des landwirtschaftlichen Betriebs.

9.5.5 Direktvermarktung – Waldviertler Mohnhof der Familie Greßl in Ottenschlag, Waldviertel. www.mohnhof.at

Auf den Feldern rund um den **"Waldviertler Mohnhof"** – einem alten Erbeinöd der Familie Greßl – werden seit über 30 Jahren erlesene Mohnsorten angebaut, mit viel Sorgfalt und Fingerspitzengefühl aufbereitet und weiterveredelt.

Durch die vielen Sonnentage, die kühlen Nächte und den intensiven Taubefall – der „Waldviertler Mohnhof" befindet sich auf einer Seehöhe von knapp 900 Metern – gedeihen Mohnsorten mit einem hohen Anteil an ernährungsphysiologisch wichtigen ungesättigten Fettsäuren. Die daraus gewonnenen kaltgepressten Mohnöle werden am Mohnhof sorgfältig und behutsam in edle Flaschen für den Verkauf abgefüllt.

Wir bauen Mohn an, verarbeiten und vermarkten ihn in vielfältiger Form. Ein kleines Museum und ein großzügig angelegter Shop locken zusätzlich viele Besucher direkt zum Hof.

Zur Mohnblüte Anfang Juli besuchen besonders viele „mohninteressierte" Leute das Waldviertel. Manche fotografieren einfach nur die Blütenpracht, andere informieren sich zum Thema Mohn und nehmen Mohnprodukte mit nach Hause.

Wir bewirtschaften eine Fläche von 30 Hektar, davon wird auf gut einem Drittel Mohn angebaut. Zusätzlich gibt es Vertragsbauern in der Region, die ihren Mohn ebenfalls von uns verarbeiten lassen bzw. an uns liefern. Der Waldviertler Graumohn trägt eine geschützte Ursprungsbezeichnung der EU und wird auch nach strengen Auflagen eines Qualitätsprogramms kontrolliert.

Ein Teil des Mohns wird seit 25 Jahren zu kaltgepressten, hochwertigsten Speiseölen verpresst, davon gibt es drei Varianten: Grau-, Blau- und Weißmohnöl; zusätzlich bieten wir Graumohnöl mit Basilikum an. Mohnzelten werden ebenfalls von uns gebacken und viele Kunden besuchen uns allein schon deshalb. Andere Produkte, wie Mohnpesto, Mohnsenf, Mohnhonig, Mohn-Marille-Fruchtaufstrich oder Mohnliköre und einige mehr, werden von regionalen Erzeugern mit unserem Mohn hergestellt.

Die Vermarktung unseres Mohns ist sehr vielschichtig verteilt. Ein Drittel wird ab Hof an Einzelkunden und Busgruppen verkauft. Ein weiteres Drittel geht an kleine Wiederverkäufer wie Bauernläden, Souvenirshops in der Region und an die Gastronomie. Der verbleibende Teil wird an Bäcker vermarktet bzw. auch über den Onlineshop.

Die Vielzahl an Auflagen und Vorschriften stellen besonders einen kleinen Betrieb wie den unseren oft an große Herausforderungen, da man in vielen Bereichen informiert sein muss und fast alles können sollte. Allein die Kennzeichnung unserer Produkte hat uns schon oft intensiv gefordert.

Werbung ist für uns auch sehr wichtig, auch die besten Produkte verkaufen sich nicht von allein. Obwohl wir wissen, dass zufriedene Kunden und gute Mundpropaganda die wichtigste Werbung für uns sind.

Unsere Wünsche für die Zukunft? – Wir wünschen uns, dass unser Sohn, der schon Vollzeit im Betrieb mitarbeitet, diesen dann übernehmen wird und davon bzw. damit auch gut leben kann.

Waldviertler Mohnöl

Schon seit alters her werden im Waldviertel Ölfrüchte auf kleinen Flächen produziert.

Die standortgerechte und umweltschonende Produktion am **„Waldviertler Mohnhof"** – garantiert naturbelassene Öle.

Herkömmliche Öle werden meistens warm gepresst oder mit Lösungsmitteln herausgelöst. Die „Waldviertler Edelöle" werden ausschließlich durch einfaches mechanisches Auspressen, ohne zusätzliche Wärmezufuhr, gewonnen. Hitzeempfindliche wertvolle biologische Bestandteile der erlesenen Ölfrucht bleiben dadurch erhalten. Die Angabe „naturbelassen" bedeutet auch, dass die Öle nicht raffiniert (entschleimt), nicht filtriert und nicht vermischt werden.

Die hohe Qualität unserer naturbelassenen Öle erreichen wir durch ein schonendes, speziell entwickeltes Pressverfahren sowie durch den Anbau alter erlesener Sorten.

Was ist das Besondere am Mohnöl?

Kaltgepresstes Mohnöl aus dem Waldviertel ist mit 87–90 % ungesättigten Fettsäuren und dem natürlichen Anteil an Vitamin E ein ernährungsphysiologisch hochwertiges Speiseöl, wobei die Linolsäure den Hauptanteil einnimmt. Mohnöl ist vom „Waldviertler Mohnhof" in vier Geschmacksvarianten erhältlich:

Graumohnöl: feiner, milder Mohngeschmack
Blaumohnöl: wesentlich stärkerer Mohngeschmack
Weißmohnöl: leicht nussartiger Geschmack
Basilikum-Mohnöl: feiner Mohn-Basilikum-Geschmack

Das Mohnöl wirkt als Geschmacksträger und verstärkt den Eigengeschmack der Speisen. Durch die Naturbelassenheit und den natürlichen Gehalt an Lecithin sind unsere Öle besonders wertvoll.

DIVERSIFIZIERUNG

Mohnmuseum
„Mohn schauen und erleben mit allen Sinnen"
Schönheit und Gefahr sowie Segen und Fluch sind in der Pflanze vereint.
In unserem kleinen, aber feinen Mohnmuseum gibt es sehr viel zu sehen:
- Begehbare Riesenmohnkapsel
- Größte Mohnmühlensammlung Österreichs
- Opiumecke
- Mohnkino: Mohnanbau und Mohnölerzeugung – um unseren Kunden das ganze Jahr über Einblick in den Mohnanbau und dessen Verarbeitung zu geben
- Mohnnudeln (auf Bestellung für Reisegruppen)

Die liebevoll eingerichtete Dauerausstellung ist ganzjährig geöffnet – ein sehenswertes Angebot für Reisegruppen!

Verkauf
Blühende Mohnfelder sind ein unvergessliches und beeindruckendes Erlebnis. Einen Ausflug zur Mohnblüte – Mitte Juli – verbindet man gern mit einem Besuch am „Waldviertler Mohnhof" in der erholsamen Naturlandschaft des Waldviertels. In unserem großzügig angelegten und liebevoll eingerichteten Verkaufsraum sind Gäste jederzeit herzlich willkommen. Neben Mohn und Mohnölen bieten wir Ihnen auch viele andere Produkte zum Thema Mohn an wie: Mohnkapseln, Mohnölseifen, Mohnbrand, Mohnölcremes …

Unsere Produkte sind nicht nur am Hof erhältlich, wir vertreiben sie auch über unseren Onlineshop (www.mohnhof.at) oder zahlreiche Verkaufsstellen in der Region.

9.5.6 Direktvermarktung – FrankenGeNuss, Gonnersdorf, Bayern; www.franken-genuss.com

Wir führen einen kleinen landwirtschaftlichen Betrieb mit ca. 50 Hektar. Seit 2006 bauen wir Haselnüsse an, die wir seit 2013 unter dem Firmennamen FrankenGeNuss GmbH & Co. KG aufbereiten, veredeln und vermarkten. Wir arbeiten mit weiteren fränkischen Haselnussbauern zusammen, die uns mit ihren Haselnüssen beliefern.

Ziel ist es, hochwertige, geschmacksintensive und natürliche Produkte zu kreieren. Unter anderem bieten wir Nougataufstrich, Haselnussmus, Haselnusssalz, Eierlikör mit fränkischem Haselnussgeist, Haselnuss-Dinkel-Nudeln und Haselnuss-Cantuccini an. Der Anspruch an die Qualität ist sehr hoch. Wir befinden uns im Hochpreissegment, was anfangs natürlich schwer auf dem Land durchzusetzen war. Jedoch siegte am Ende die Qualität.

Im ländlich geprägten Gonnersdorf einen Laden zu eröffnen, der zum einen abseits liegt und zum anderen nur Nussprodukte anbietet, war eine große Herausforderung. Das Amt für Landwirtschaft hat uns sogar davon abgeraten. Wir haben uns trotzdem getraut, und nach drei bis vier Jahren hat sich das Durchhaltevermögen bewährt. Wir konnten die Marke gut etablieren, weil wir unserem Ansatz – gute Qualität und äußerste Transparenz – immer treu geblieben sind.

Mittlerweile beliefern wir unter anderem die Spitzengastronomie, was die Qualität unserer Produkte bestätigt. Den Rest der Produkte verkaufen wir ausschließlich im Hofladen (Hauptsaison September bis Weihnachten), im Onlineshop oder in unserem Nougatautomaten.

Haselnüsse sind ein wertvoller Rohstoff für hochwertige Produkte.

Für die innovative Architektur wurde der Betrieb 2018 mit dem Landbaukultur-Preis ausgezeichnet.

DIVERSIFIZIERUNG

Nuss-Nougat-Aufstrich gehört zu den Lieblingsprodukten der Kunden.

Wir versuchen, den regionalen Ansatz vom Anbau bis hin zum Endprodukt durchzuziehen. So beziehen wir Verpackungen, Etiketten, Rohstoffe (sofern möglich) zunächst aus dem Landkreis, aus Franken, Bayern oder von Betrieben, die in der Region ansässig sind.

Unsere Haselnüsse werden händisch verlesen, mit dem hofeigenen Röster geröstet. Wir pressen Öl selbst, backen Cantuccini und stellen unseren eigenen Nougataufstrich her – palmölfrei.

Ziel ist es, weiterhin den Verkauf für unsere Kunden so attraktiv zu gestalten, dass wir unabhängig von der Menge nicht in den Einzelhandel müssen und unsere Vertriebswege (Hofladen, Automaten, Onlineshop) weiter ausbauen. Für den Kunden soll der Besuch ein Erlebnis sein.

Unser Betrieb hat den Landbau-Architekturpreis 2018 erhalten:

https://www.landbaukultur-preis.de/gewinner_2018.php

2017 war ich beim CeresAward in der Kategorie „Junglandwirt des Jahres" als Finalist nominiert.

Quellen:

[1] Studie „Land- und forstwirtschaftliche Diversifizierung in Österreich" von Leopold Kirner unter Mitarbeit von Andrea Payrhuber und Michael Prodinger, Hochschule für Agrar- und Umweltpädagogik Wien. http://www.agrarumweltpaedagogik.ac.at/cms/upload/pdf/2019/Arbeitsfelder/Studie_DIVERSIFIZIERUNG_final.pdf

[2] Siehe Leopold Kirner, Studie „Land- und forstwirtschaftliche Diversifizierung in Österreich", Seite 18

[3] http://www.agrarumweltpaedagogik.ac.at/cms/upload/pdf/2019/Arbeitsfelder/Studie_DIVERSIFIZIERUNG_final.pdf

Arbeitsaufgaben

1. Ein Milchviehbetrieb mit Forstwirtschaft denkt aufgrund der nicht zufriedenstellenden Preispolitik für die Urprodukte an mögliche weitere Schritte, um so ein zufriedenstellendes Einkommen zu erwirtschaften. Welche Möglichkeiten stünden diesem Betrieb offen, eine horizontale Diversifizierung sowohl in der Viehwirtschaft, Flächenbewirtschaftung und Forstwirtschaft zu entwickeln?

2. Der bäuerliche Betrieb befindet sich im angrenzenden Ort der Bezirkshauptstadt, wo ein Rad- bzw. Wanderweg vorbeiführt. Es werden bereits Säfte aus Obst (Flaschenverkauf) der Streuobstwiesen angeboten. Der Betriebsschwerpunkt liegt allerdings beim Getreide- und Feldgemüseanbau. Wie könnte mit diesen beiden Schwerpunkten eine vertikale Diversifizierung entwickelt werden, um durch die vorbeikommenden Gäste regionale Jausenalternativen anbieten zu können?

3. In der Studie sind auf Seite 36 die Erfolgsfaktoren für die Diversifizierung beschrieben. Das Forschungsprojekt „Land- und forstwirtschaftliche Diversifizierung in Österreich"[3] ist dazu sehr aussagekräftig. Beschreibe die Erfolgsfaktoren, die die Befragten mit über 60 % mit 1 = „Stimme voll zu" bewertet haben, und interpretiere eine davon.

Landwirtschaftskammern Österreich

Landwirtschaftskammer Österreich
1014 Wien, Schauflergasse 6
T: +43 1 53 441 - 0
e-Mail: office@lk-oe.at
Web: lk-oe.at

Landwirtschaftskammer Burgenland
7000 Eisenstadt, Esterhazystraße 15
T: +43 2682 702
e-Mail: office@lk-bgld.at
Web: lk-bgld.at

Landwirtschaftskammer Kärnten
9020 Klagenfurt, Museumgasse 5
T: +43 463 5850
e-Mail: office@lk-kaernten.at
Web: ktn.lko.at

Landwirtschaftskammer Niederösterreich
3100 St. Pölten, Wienerstraße 64
T: +43 5 0259
e-Mail: office@lk-noe.at
Web: lk-noe.at

Landwirtschaftskammer Oberösterreich
4021 Linz, Auf der Gugl 3
T: +43 50 6902 0
e-Mail: office@lk-ooe.at
Web: lk-ooe.at

Landwirtschaftskammer Salzburg
5024 Salzburg, Schwarzstraße 19
T: +43 662 /870571
e-Mail: office@lk-salzburg.at
Web: sbg.lko.at

Landwirtschaftskammer Steiermark
8010 Graz, Hamerlinggasse 3
T: +43 316 8050-0
e-Mail: office@lk-stmk.at
Web: lk-stmk.at

Landwirtschaftskammer Tirol
6020 Innsbruck, Brixner Straße 1
T: +43 5 92 92-0
e-Mail: office@lk-tirol.at
Web: tirol.lko.at

Landwirtschaftskammer Vorarlberg
6900 Bregenz, Montfortstraße 11/7
T: +43 5574 400-0
e-Mail: office@lk-vbg.at
Web: lk-vbg.at

Landwirtschaftskammer Wien
1060 Wien, Gumpendorfer Straße 15
T: +43 1 587 95 28
e-Mail: office@lk-wien.at
Web: lk-wien.at

Hilfreiche Adressen zu Kammern, Behörden, Verbänden & Co. in Deutschland

Hilfreiche Adressen zur Direktvermarktung für Deutschland finden Sie auf der Website zu diesem Buch
http://fachbuch.cadmos.de/direktvermarktung

https://bit.ly/2Yu9Jlm

Register

Arbeitsplätze	5, 7, 8, 31, 115, 143, 147, 148	Diversifizierung	11, 45, 112, 113, 123, 141–156
Ab-Hof-Verkauf	13, 24, 51, 53, 54, 64, 117, 119, 121, 146, 147, 150	Dokumentation	27, 32, 34, 35, 47, 49, 70, 80, 8
Abfindungsanmeldung	136, 137	Eigenkontrolle	27, 28, 33 ff., 44, 48, 75–82, 95, 97
Abo-Kisten	65	Einkommen	5, 7, 12, 17, 18, 20, 58, 62, 83, 91, 100, 136, 142 ff., 148, 156
Alkoholbildende Stoffe	133, 134	Einzelaufzeichnungspflicht	128
Alkoholsteuer	125, 133, 136, 137	Erfolgsfaktoren	67, 111 ff., 142, 156
Allergenschulung	33, 40	Feilbieten im Umherziehen	57
Allgemeine Hygiene	32, 37	Fixe Kosten	99 ff.
Almbuffet	126	FoodCoop	51, 60, 61, 72
Almo	83, 84	Gastronomie	36, 68, 121, 144, 152, 154
AMA-Gütesiegel	84	Gefahrenanalyse	36, 79, 80
Aufbau Eigenkontrollsystem	29, 30, 37, 75, 77, 79, 81	GenussKrone	86, 146
Aufbewahrungspflichten	130	Gewerberecht	52, 142, 152
Aufzeichnungspflichten	127	gute Herstellungspraxis	33, 36, 37, 76
Aufzeichnungspflichten Sozialversicherung	137	gute Hygienepraxis	29, 30, 79, 82
Ausbeutesätze	134, 135	Gutes vom Bauernhof	20, 40, 45, 67, 75, 83, 85, 119, 145
Automatenverkauf	66, 67, 70	HACCP	29, 30, 36, 76, 79
bäuerliche Direktvermarktung	48, 71, 75, 95, 99	Handbuch zur Eigenkontrolle	27, 28, 44, 76, 77–79, 81, 95
Bauernecken	67	Hausbrand	125, 135
Bauernladen	8, 54, 55, 132, 144	Herstellungsablauf	33, 46, 47, 80
Bauernmarkt	25, 39, 51, 56, 73, 101, 121, 130 ff.	Herstellung von Alkohol	133–136
Be- und Verarbeitung	7, 12, 18, 52, 56, 76, 79, 82, 100, 101, 125, 126, 128, 138, 139	Hofladen	44, 53, 54, 94, 145 ff., 150, 154, 155
Behördliche Kontrollen	83	Hygiene	12, 32 ff., 37, 46, 48, 66, 75 ff., 79, 80, 82, 95
Belegerteilungspflicht	125, 127 ff., 131, 132	Hygieneschulung	33, 35, 80
betriebliche Voraussetzung	12	Internationale Prämierungen	87
Betriebsform	17, 24, 142	Investitionen	8, 12, 20, 21, 44, 64, 99, 100, 102, 103, 105, 108, 144
Betriebsstätten	29, 31, 33	Investitionskosten	21, 64, 102, 103, 105
Betriebsumstellung	20, 21	Kommunikationspolitik	114
Betriebszweig	5, 7, 8, 11, 12, 17, 21, 25, 44, 52, 99, 101, 106, 117, 126, 144 ff.	Kundenkontakt	5, 64
Bio Austria	20, 61, 75, 85	Lebensmittelcodex	19, 37
Buschenschank	20, 44, 63, 64, 52, 127, 128, 131, 132, 142, 143, 147	Lebensmittelhygiene	18, 27, 31, 33, 45, 60, 75 ff., 96
Buschenschankbüfett	64	Lebensmittelkontrollen	32 f., 35, 70, 79 ff., 83, 94, 116
CSA	59	Lebensmittelproduktion	18, 27, 41, 77, 85
Deckungsbeitrag	100, 101	Lebensmittelsicherheit	30, 35, 36, 75
Definition Diversifizierung	142		
Desinfektionsplan	27, 32, 35, 37, 49, 75, 78, 80, 96		

REGISTER

Lebensmittelunternehmer	27, 30, 33, 34, 37, 40, 44, 62, 75, 76, 83
Leitlinien	75, 77, 80 ff.
Lieferung Einzelhandel/Großhandel	36, 69
Marketing	14, 18, 44, 73, 90, 100, 102, 105, 111–123, 142, 146, 148, 150
Marketing-Mix	111, 112, 114, 115, 123
Meldungspflichten	125, 129, 136 f.
Messe Wieselburg	85, 86, 147
Mietgärten	58, 59
Musteretiketten	41
Nationale Produktprämierungen	86
Nebengewerbe der Land- und Forstwirtschaft	125, 126
Online-Verkaufsplattformen	62, 63
Onlineverkauf	62
persönliche Voraussetzungen	11, 18
Personalhygiene	75 ff., 82
Personalpolitik	114
Praxisbeispiele	5, 14, 21, 29, 37, 45, 59, 61, 63, 67, 69, 90, 93, 106, 116, 119, 145
Preispolitik	114, 156
Produktkennzeichnung	39, 47
Produktlagerung	41
Produktpalette	20, 25, 46, 52, 54, 56, 57, 71, 73, 120, 146
Produktpolitik	114
Produktprämierungen	85–88, 97
Produktpreiskalkulation	11, 12, 20, 44, 70, 99–109
Produktqualität	9, 11, 12, 18, 42, 77, 81, 86, 87
Produktumstellung	21
Produktuntersuchungen	35, 75, 80 ff., 97
Qualitätsprogramme	83, 116, 119
Qualitätssicherung	18, 29, 37, 75–97, 116
Räumliche Voraussetzungen	27
regionale Produkte	9, 67
Regionale Regale	67
Regionalität	9, 18, 24, 25, 45, 51, 69, 70, 120 ff.
Registrierkassenpflicht	128, 129, 131, 132
Reinigungsplan	27, 32, 37, 49, 75, 77 f., 80, 96, 102
Saisonalität	9, 18, 59, 60, 69, 70
Schädlingsbekämpfung	32, 37, 58, 76, 79, 80
Schmankerl-Navi	119
Schulmilch/Schulobst	70
Selbstbedienungsläden, -hütten	64
Selbstbedienungsumsätze	132
Selbsternte	57, 59
Sensorische Beurteilungsvarianten	87
Shop in Shop	67
SMART-Formel	11, 13, 15
Solidarische Landwirtschaft	59
Standbein	5, 20, 24, 141, 144, 149
Steuerrecht	127
Steuersätze	127, 136
Studie Direktvermarktung	5, 7, 8, 52
Studie Diversifizierung	112, 141, 155
SWOT-Analyse	11, 13 ff., 117
Trends	14
Umsätze im Freien	127, 128, 130 ff.
Urprodukte	7, 17 ff., 52, 68 ff., 76, 82, 125–128, 131, 139, 141 ff., 156
Urprodukteverordnung	125, 126, 128
Urproduktion	7, 18, 52, 56, 76, 100, 125–128, 141, 143
Variable Kosten	100, 101, 104, 105, 107 ff.
Verabreichung und Ausschank	52, 125
Verkauf	5, 8, 11, 1227, 30, 33, 34, 40, 41, 46, 51–56, 60, 62, 64, 69, 77, 91, 102, 111, 116, 121, 125, 127, 131, 132, 143 ff., 151, 153, 155
Verkostung	52, 80, 86, 87
Vermarktungsform	11, 51, 55, 125, 126
Verpackung	9, 18, 19, 39, 40, 43, 44, 46, 47, 58, 66, 77, 101, 104, 116, 121, 155
Vertriebspolitik	114
Vertriebswege	5, 8, 12, 20, 21, 44, 51–73, 94, 121, 126, 155
Wertschöpfung	7, 115, 116, 141 ff., 151
Ziele	11, 13, 14, 62, 141, 143, 144
Zollamt	133, 136, 137
Zustellung/Versand	57

WEITERE BÜCHER VON EVA MARIA LIPP

Dieses fundierte Nachschlagewerk informiert über die Grundlagen für die erwerbsmäßige Produktion von Gemüse, Kulturmaßnahmen, Vermehrung, Anzucht, Ernte und Integrierte Produktion.

Eva Maria Lipp • Ingrid Fröhnwein
Kein Brot ist wie mein Brot
Schulbuch Nr. 190.031
160 Seiten, broschiert
ISBN 978-3-8404-8311-0

Eva Schiefer • Eva Maria Lipp
Kreatives aus Milch & Co.
Schulbuch Nr. 190.030
112 Seiten, broschiert
ISBN 978-3-8404-8310-3

Helmut Pelzmann
Gemüsebaupraxis
Schulbuch Nr. 6.438
216 Seiten, broschiert
ISBN 978-3-7040-1939-4

Das Buch vermittelt Basiswissen zur Haltung von Rindern, Schweinen, Schafen und Geflügel sowie zu zeitgemäßen Alternativen in der Tierhaltung. In kompakter Form werden verschiedene Haltungsformen vorgestellt.

Fachbuch für den professionellen Erzeuger von Arznei- und Gewürzpflanzen. Eine detaillierte Darstellung der rechtlichen Gegebenheiten, den Produktions- und Verarbeitungsschritten, sowie von Anbauanleitungen für 65 verschiedene Arten.

Das Buch vermittelt die Basiskenntnisse wie Boden-, Klima- und Pflanzenkunde, Düngelehre, Pflanzenschutz. Zu den einzelnen Kulturen des Getreide- und Hackfruchtbaus finden sich ebenso detaillierte Angaben.

Josef Göschl/Karl Wittmann
Tierhaltung
Schulbuch Nr. 186.041 + digi4school
Schulbuch Nr. 3.810 ohne digi4school
148 Seiten, broschiert
ISBN 978-3-8404-8309-7

Michael Dachler, Helmut Pelzmann
Arznei- und Gewürzpflanzen
336 Seiten, broschiert
ISBN 978-3-8404-8306-6

Josef Aigner/Josef Altenburger
Pflanzenbau
Schulbuch Nr. 186.039 + digi4school
Schulbuch Nr. 3.809 ohne digi4school
272 Seiten, broschiert
ISBN 978-3-7040-2270-7

avBUCH, Sturzgasse 1a, 1140 Wien, T +43 1 982 33 44-491 (A)
Englmannstraße 2 · 81673 München, T +49 89 451 08 51-0 (D)
vertrieb@cadmos.de   www.cadmos.de   www.avbuch.at